成为自己的人生导师

郑永生 著

广东科技出版社
全国优秀出版社
· 广 州 ·

图书在版编目（CIP）数据

成为自己的人生导师 / 郑永生著. -- 广州：广东科技出版社，2024.9. -- ISBN 978-7-5359-8345-9

Ⅰ. B821-49

中国国家版本馆 CIP 数据核字第 2024JC5109 号

成为自己的人生导师

Chengwei Ziji De Rensheng Daoshi

出 版 人：严奉强

特约编辑：林晓如

责任编辑：周 荀 高 玲 涂子滢

封面设计：伦文海

装帧设计：友间文化

插 图：李博威

责任校对：邵凌霞

责任印制：彭海波

出版发行：广东科技出版社

（广州市环市东路水荫路11号 邮政编码：510075）

销售热线：020-37607413

https://www.gdstp.com.cn

E-mail：gdkjbw@nfcb.com.cn

经 销：广东新华发行集团股份有限公司

印 刷：广州市东盛彩印有限公司

（广州市增城区新塘镇上邵村第四社企岗厂房A1 邮政编码：510700）

规 格：787 mm×1 092 mm 1/16 印张12.75 字数255千

版 次：2024年9月第1版

2024年9月第1次印刷

定 价：98.00元

本书以"人生的全面蜕变"为核心理念，围绕着头脑、心灵、身体、关系、环境和注意力等几大板块，为读者描绘了一幅清晰的成长蓝图，帮助读者站在更高的维度去探索内在世界和外在世界，找到自己的成长方向，解除人生旅途上的诸多困惑，达到内外兼修，最终成为自己的人生导师。

郑永生

从事心理学和家庭教育研究近二十年

思维程序学深度成长体系开创者

毕业于香港大学

盘古树教育创始人

　　作者通过整合中国《道德经》和西方心理学的核心知识，结合中国国情，开创了思维程序学深度成长体系，在该体系的理论基础上，开发了"家庭关系重塑"等主题丰富的成长课程，曾出版书籍《懒父母的巧智慧——儿童思维程序学》。

本书献给——

想收获全面性、系统性成长的每一个人；

想更懂孩子、更轻松教育孩子的每一位父母；

对心理学感兴趣，想运用心理学自助、助人的每一个人。

开启人生的全面蜕变

成为自己的人生导师

进入课堂之前，我经常问来学习或做咨询的人一个问题："为什么要来这里？"答案各有不同，但概括而来，不外乎两个字——改变：

◆ 我想把孩子教育好，因为孩子还不是我所期待的样子；

◆ 我想拥有更多的财富，因为我不满足于现在的财富状况；

◆ 我想要有更好的亲密关系，因为我觉得自己的亲密关系可以更好；

◆ 我想受人敬仰，因为我想要有被人重视、尊重的感觉；

◆ 我想变得更好，因为对自己的现状还不满意……

几乎没人能够非常笃定地说："我对现在的一切都很满意。"人类社会乃至对整个宇宙的探索技术能够不断向前发展，有赖于人类这种"永不满足"的欲望驱使，这是一个颠扑不破的客观事实，不必也无须否定或回避。

人们都不希望自己的人生是一个闭环。使命、愿望、理想等内驱力让我们变得更好，也有可能会带给我们一些困境，但如果没有这些好的或坏的理想，生命的价值与意义何在，又该如何衡量呢？

"Life is going on（生活仍在继续）。"每个人对人生的所有期待，都源于想要变好的改变驱力。

人人都想要改变，变得更圆融、更有智慧，家庭、事业可以再创新高，亲密关系更融洽和谐，孩子更优秀，为人处世可以更优雅得体……

但是，正向的改变并不是一件容易的事。

我们希望自己的情绪保持稳定，但事实却是我们很容易就被别人随随便便的一句话、一个表情干扰、影响；我们希望家庭幸福和谐，但是却经常有些磕磕绊绊的小摩擦；我们嘴里说着要学会理解孩子，但是当他们的行为与自己的期待相悖，总忍不住感到焦虑，想要进行干涉；我们说要懂得放下，但伴随各种欲望纠缠，许多求而不得的事物使自己根本无法获得真正的安宁……

为什么改变这么难？因为人生是一个环环相扣的有机统一体，改变应该是方方面面的。如果只改变一个点或是某一方面，可能某一段时间内自己的状态会有所改观，但时间一长，终究还是会打回原形。

亲密关系不好，那就学习亲密关系；孩子出现问题，那就学习育儿知识；财富还不够自由，那就更加努力学习和工作；身体不舒服，那就注重保健养生……我们总在单点上做功课，哪里不好就学习哪里。但要知道，人生是这些点的集合，只在某个点上努力，其他落后的部分必然会把我们往下拉扯。首先我们得认识到：点与点之间是相互影响的，一旦亲密关系不好，就会连带影响到亲子关系；财富不够自由，就会影响到家庭关系、社会关系……

想要搞清楚是什么在阻碍或者牵扯我们进行持续常态化的正向改变，就必须清晰人生这张网上的每一个点，做到真正了解每个点，才能够真正地掌握自己的人生。

一 人生的改变需要内外兼修

那么，这张网里面到底有什么？它包含两部分的内容，即内在世界和外部世界。一想到成长，很多人更多地想到内在的部分，其实内在和外在两者同等重要，人不可能只活在自己的世界而对外界充耳不闻。如果没有处理好与外部的关系，它就会以不同的方式牵扯着一个人，例如伴侣的情绪、孩子的问题、事业上的困惑、物质和金钱的匮乏等无不会扰乱其身心。当然，如果一个人只关注外在世界，即使得到了丰盈和富足，内心却仍充满焦虑、紧张、恐惧和不安，同样无法享受人生的精彩。

内在世界、外在世界相辅相成，真正有益的成长，是内外兼修。

很多人对内在世界和外在世界的概念边界不是很清楚，什么是内，什么是外？一个简单而行之有效的判断依据：闭上眼睛感受到的就是内在，睁开眼睛感知到的就是外在。

当我们闭上眼睛时，脑海中会浮现很多想法和念头，内心跟着产生相应的情绪和感受，身体也会做出不同的反应：积极、乐观的念头会让人身心愉悦、精力充沛，消极、悲观的念头则会让人焦虑紧张、无所适从。人的想法与内心是持续不断地运行的，无时无刻不在潜移默化地影响着我们的生活，而我们对它却知之甚少。

睁开眼睛时，我们的眼睛、鼻子、耳朵、嘴巴等各个感官，都会与这个世界有着密集的接触，此外，我们还要面对庞大而又复杂的外部社交网络。相较于内在世界，大部分人对外在世界的关注更多，但多并不代表真正了解。

前文提到，很多人都对现状不满而想要做出改变，但不得其要领。阻碍我们改变的因素有很多，总结起来不外乎两大方面：一是来自外在世界的影响，二是内心世界的拉扯，如果再细化一些，内在部分的原因可大致分为脑、心和身体方面，而外在部分则体现在财富、环境和关系方面。

我们先来了解一下内在部分的几个方面。

这里的脑指的是精神层面而非生物学上的概念，也即思维，它是人类理性思考、意志力等的体现，是显意识，是当下的分析、判断和行动，这种分析判断力往往比较快速且短暂，但有其方向指向。

这里的心，与"脑"一样，是一种形而上的概念，也即心绪。它是感性的、自发的，是潜意识，是人们基于自我认知经验、知识积累生活经验等进行重复的分析、判断和行动后形成的本能反应，往往会对人产生强大而持久的影响，但不具备方向性。

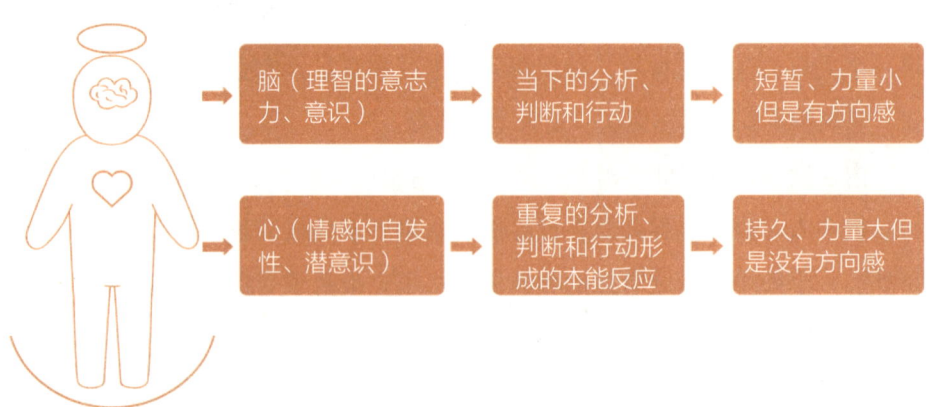

每一秒我们的脑海中都有成千上万个念头浮现，每一个念头都会让我们产生不同的感受，进而影响我们的行为，只有了解脑的运行原理，才能真正地认识自我、改善当前的处境。

而心绪的起伏影响着我们的情感和感受。面对困难，不同的人会有不同的反应，有些人会把它当成一种挑战，有些人则会选择逃避，这都是因为内心对困境的不同认知与解读所致。其实，心给了我们许多答案，只有读懂自己的心，才能读懂真正的自己。

改变之所以难，皆在于"心"与"脑"之间的不一致。大多数情况下，两者处于一种相互冲突的内耗之中。

举例来说，当我们的头脑决定了要改变，心却没有立刻做出相应的调整，而是由着习惯一如往常。比如一个人平时上下班开车经常走一条固定的路线，在他决定要换一条不同路线之前，就要特别提醒自己，否则一个不经意就会惯性使然开上以前的老路。

这是因为我们已经在脑海中形成一种思维定式，大脑提醒自己：这么做是安全的、有效的，而改变则意味着不确定，这种情况下，我们就会开启自动防御机制，求稳、求确定，下意识按之前的习惯做出反应。

有些人通过成功学课程每天给头脑灌输大量的成功学鸡汤，但内心其实并不相信，还是认为：成功太难了，我怎么可能成功……如此灌鸡汤式的接收却不接受，当然很难达到成功的诉求，这也是大脑想改变，然而心却不配合的典型例子。

心与脑的矛盾，就像开车的时候一边踩油门，一边踩刹车，发动机在轰鸣声中空转，汽车却始终无法前进半分。

那么，心和脑达成了一致，就一定能产生改变吗？答案是也未必。如果头脑中有很多的想法和计划，内心也渴望改变，但体能跟不上的话，做什么都力不从心，改变也很难发生，身体上有任何一点不舒服，都会拖延甚至阻碍改变的发生。

所以，内在层面的脑、心、身是一个联动的统一体，任何一部分出了问题，都会打断三者之间的良性循环运作，进而影响人的外在世界。

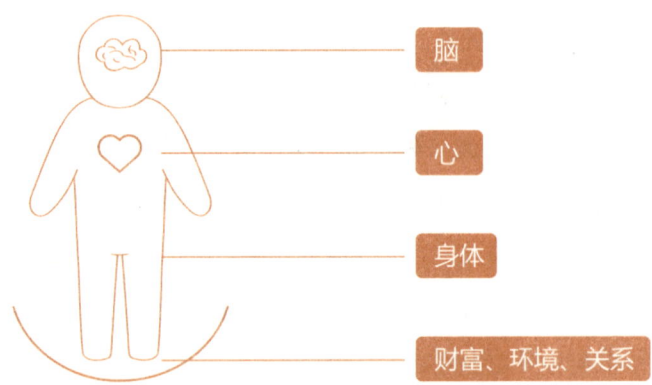

在影响我们的全部因素中，上图用弧线表示身体以外的部分：住房、空气、食物、金钱、父母、伴侣、孩子、国家、地球、星星、太阳、月亮、天气、手机、朋友、领导、工作单位……诸多外在因素不一而足，归纳起来即财富、环境和关系三个部分。

某电视台曾经做过一个纪实节目，节目中，几位非常成功的嘉宾放下现有的一切成就，包括身份、地位、财富等，不带任何标签地去贫民区，与当地居民同吃共住，目的是想看看一个人能否通过自己的能力去改变贫穷的生活。几位嘉宾一开始信心满满，自认凭自己的才能，一定能改变贫穷，过上成功、富足的生活。但最后他们都失败了，其中一位在采访中说："我做不到，因为在那个环境里，每天需要工作十几个小时，根本没有多余的时间去看书、去提升、去改变。"

改变很难。真实情况往往是，即便是一位健康有活力的年轻人，拥有高等学历，怀抱梦想和期盼，也会因为高昂的房价望而却步，想在短时间内做到层次的跃升更是困难重重。人处于各种环境之中，深受其影响。

我的一个学员在怀孕八个月的时候，检查出胎儿缺氧，医生说马上进行剖宫产，孩子就有存活的机会，但孩子出生后，需要放进新生儿保温箱，医疗费用加起来要几十万，她发信息跟我说："我不敢剖宫产，因为我拿不出这笔钱。"

在外部环境中，单单金钱这一项就足以让人崩溃：没钱结婚，没钱看病，没钱上学……

穷困交迫的人很难有闲暇时间去进行更高层次的精神追求，因为对他们来说，活下去才是当务之急，根据马斯洛的需求理论，一个人必须先解决活下去的问题，才有余力去想怎么活得好。

除了物质财富，外在环境中还有很多其他因素影响着我们，比如空气，有些人一出生鼻子就对环境敏感，环境污染有可能对他的鼻子健康产生意想不到的影响。

环境还可能会影响到人的情绪，有时候一个人突然变得脾气不好，表面上看是因为一些不愉快的事情，但很有可能是由于过于潮湿的环境、逼仄的空间、恼人的噪声等，让人心生烦躁，忍不住发脾气。总之，环境无时无刻不在以不同的形式，对人进行有形或无形的牵扯。

在外在世界中，可能对我们产生影响的因素还有很多，比如社会关系。每个人都生活于多重交错的关系之中，父母、伴侣、孩子是其中的重要部分，好的社会关系会成为一个人成长路上的助力，反之，则将或多或少地影响一个人的正向成长。

我有一个学生，曾经有一段将近一年的间断学习经历。在这一年之中，内在充满不安全感的伴侣一直都以各种方式在阻碍着她，不让她进入课堂，用情绪和孩子做要挟，她一点小小的改变，都会让伴侣产生强烈的不安，最后她不得不为了伴侣中断了学习。

除了伴侣，还有父母和孩子等，一个人社会关系网上的任何一个小小的阻碍，都有可能让其半途而废。

我们会发现很多时候奢谈改变。比如一位女性，做好妈妈或者妻子的本分就已经耗费掉了其大部分时间和精力，想要在此基础上做出改变，需要的是难以想象的决心、勇气以及魄力。

所以，想要彻底改变，不仅在于很大的决心，更要有跳脱出当前环境、信念、情绪反应或者习惯的魄力。

日常生活中，一个人95%的行为是在无意识的状态下做出的，过往经验、惯性情绪或信念在无数次地重复之后，累积在我们的身心变成潜意识，变成了无意识的程序，潜在"指导"着我们的行为。

就像开车，在无数次重复练习之后，我们进行打开车门、开车上马路、打方向盘、转弯等动作，几乎不需要过多思考，这一整套行为变成了自动运行的程序。

如果一个人的成长环境让他形成了害羞、自卑的性格，那么在其此后的人生中，不管到了什么年龄，一旦进入某些特定的场景，他更可能会把自己隐藏起来，而不是让自己被看到。

因此，想要做出实质的改变，就要进入潜意识里，找到那些不利于我们做出改变的程序，规避并以新的程序替换它们。换句话说，就是要超越当下的自我，跳脱环境和周围的束缚，在程序自动运行之前，要意识到并有规避惯性的觉知，进而以不同以往的表现来呈现一个全新的自己。

那么，是不是脑准备好了、心绪平稳了，身体各项机能、相关的外围环境、人、事、物也都经营好了，改变就一定能发生？

答案却是不一定。因为很多时候无法做出改变，是因为"你"不在！也即脑、心和身体运作的指挥官，我们可以称之为注意力。注意力不在，行为举止便没有了指挥官，一切还是会落入旧有的模式。

很多时候，我们过得漫无目的，日常生活中，照顾家庭和孩子、忙碌的工作与应酬等已足以让人疲累，在此之外，我们会跟随惯性，把自己交给无意识，改变自然也就很难发生了。

在"无意识"状态下的活着，与我们常听到的一句话"不少人活到了100岁，但是在28岁已死去"有着相似的意思。

"你"在的地方就是"你"不在的地方！
这里第一个"你"，是指落入惯性的自己；而第二个"你"，则是注意力在线的自己。

　　日常生活的消耗和惯性让注意力这个"指挥官"疲于维系，改变自然成为一种奢谈。

　　所以，即使我们的身体、脑、心和环境全部都准备好了，但缺失了不断提醒自己保持警醒的注意力，一切也是徒然。

全网联动　全面蜕变

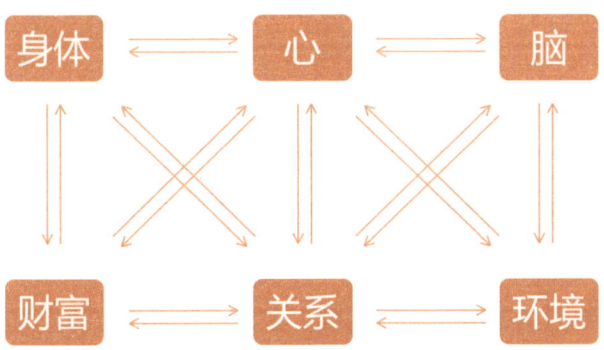

　　注意力回归，改变才刚刚开始。有效的改变需要做到内外兼修、全网联动；脑要升起正念，心要乐观积极，身体要通透和健康，照顾好外围的环境、关系和物质财富，最关键的还是要保持注意力的在线，缺少以上任何一环，改变就有可能中止。

　　综上所述，注意力再加上关系、财富、环境、脑、心、身体，相互作用与影响，交织成我们人生路上的一张网。

　　而构成这张网上的所有要素，正如木桶效应所阐述的那样：一个木桶能装多少水是由最短的那块板决定的。一些学生常常困惑：我也上了一些课、看了一些书，也有改变的知觉，但这种改变的知觉为什么是即时而难以持续的呢？答案很简单，只关注某一个点的改变，其他要素改变的缺失就会将我们拉回原点。

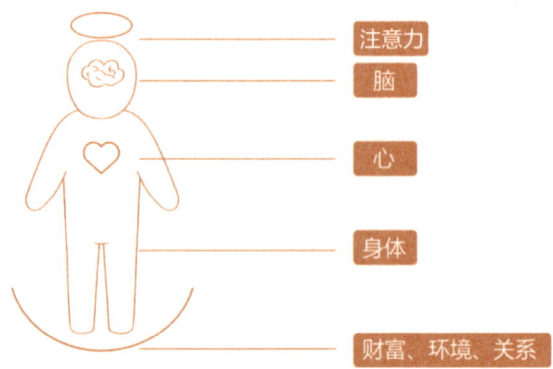

成长道路上，很多困难、困境都有可能成为我们半途而弃的理由，行九十九步者，如果没有最后那一跃，与行五十者无异。

人生这张网中，各种关系、各种力量都在相互作用、相互影响，身体、关系、财富、工作、周边环境的好坏都在影响着我们。

任何一个单点的改变是不能达成一个人的整体改变的，内外兼修、全网联动、全面蜕变才能产生实质改变。

古今中外，但凡有一定成就的人，都是内在和外在双重努力下的结果。成功人士的表面风光，都离不开背后的点滴付出。

合抱之木，生于毫末；九层之台，起于累土；千里之行，始于足下。任何成就都不是一蹴而就的，源于点滴的累积，一点点地经营自己的内在和外在，拥有清醒的脑、喜悦的心、健康的身体、丰盛的财富、幸福的关系和优质的环境，时刻提醒、检查自己那份想要蜕变、不甘于平庸的初心，不断完善人生之网上的每一个点，才能实现整体改变和成长。

积跬步可以至千里。用心、努力地改善自己身体、脑、心、关系、财富、环境，不忽视每一个要素的变化，清风徐来花自开，改变也会在点滴积累中出现。

我曾参加过50公里徒步，当天我只带了一瓶水和一个苹果，一路从出发点到终点用了9个小时，到终点时，电视台前来采访的人问："你看起来好像也不累啊？"我认为这全得益于我的每一步都是有节奏的，换脚就是在换能量。如果在一开始精力充沛的时候，不懂得积蓄能量、走得很快，那么很快就会有疲累感。成长也是如此，不能贪快，好的关系不是一天培养出来的，健康的体魄也不是一天就养成的，财富也不能在短时间累积，只有循序渐进地经营好修行网上的每一个点，全面提升和改善才会发生。

虚云法师说："生生若能不退，佛阶决定可期。"不忘初心，保持努力，点滴之间才能得到真正的成长，得到真正的改变。

😑 从内而外全面地了解自己

上文提到，成长和改变的过程犹如一张网，我们可以将这张网按脑、心、身体、环境、关系、财富分为六个板块，将它们串联起来，就是一条脉络清晰的修行路径，只有做好每一个部分，才有可能产生我们想要的改变。

通过研究六大板块的变化，找出它们之间关联的规律。

试着闭上眼睛，切断自己与外在的关联，你会发现内在世界比外在世界更为精彩，脑中念头在狂奔，内心情绪在翻涌，有无数细微的感觉影响着身体的各个部位，膝盖、手臂、肩颈、耳朵，甚至头发，都有着不同的反应。

把注意力投注在外面，我们注意到的大多是生活中的各种忙乱；回到内在，才能发现其中的丰富与精妙。

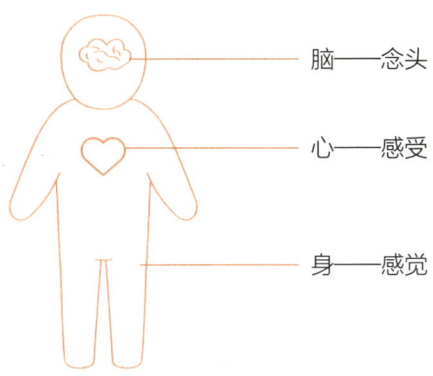

脑——念头

心——感受

身——感觉

起心动念，每时每刻内在都在快速运转。我们可以看到一个人的外貌，但不能窥视其内心。对于浩瀚丰富的内在世界我们知之甚少。既不知道有什么，也不知道它是怎么运转的；不知道它从何而来，会去向何处。

> **念头到底从哪里来？**
> **它是外在环境的沉淀，也就是说念头从外而内，是外部信息在内心的沉淀。**

每时每刻，外部信息通过眼睛、耳朵、鼻子、舌头及身体进入我们的内在，眼（视觉）、耳（听觉）、鼻（嗅觉）、舌（味觉）、身（触觉）对应的是色、声、香、味、触，五感也即外部信息进入内在的渠道。

首先是视觉和听觉。不同的人物和场景，会让我们产生不同的念头。我们通过眼睛和耳朵获取到的信息是最多的，试着移动视线，看看不同的空间或者不同的人，你会发现视界不同，念头就会发生改变。

我们看到鲜花和枯萎的花会有不一样的念头。听到不同的语言，也会产生不一样的念头。即使是同样的情景，不同的人也会有不同的反应。比如听到别人说："我很喜欢你。"有人的第一反应是"开玩笑的吧？"而有人的第一反应则是"真的喜欢我吗？"听到别人跟你说："你今天的着装好奇怪，跟你的气质形象一点都不搭。"你会产生什么念头？可能是"这个人真不会说话"，也有可能是"我真的这么难看？"

你每天听到最多的声音是什么？你对周围的声音敏感吗？你对声音导致的起心动念有觉知吗？或者再具体一点，你对音乐敏感吗？

有些音乐让人感动，有些音乐则让人烦躁；有些音乐让人充满力量，有些音乐则让人悲伤低落。对音乐有觉知，是因为它不像语言，要经过脑的分析才进入心，它可以很容易跨越脑直抵内心。

其次是触觉。触觉是经由皮肤的感知把信息传递到脑，再传送到心。不同方式的触碰，会带给人不一样的情绪：轻轻触碰会让人感到温暖和支持；而粗鲁地拉扯，则会让人感到不舒服或不被尊重。

最后是嗅觉和味觉。不同的味道会引发人不同的感受：有些味道让人亢奋，有些味道让人冷静，有些味道让人烦躁，有些味道让人困乏。有的人可能更愿意在五星级酒店吃饭，哪怕需要支付高昂的费用，也不愿意去路边摊。多花的钱，支付的就是眼、耳、鼻、舌、身的享受：高档酒店环境舒服、餐具精美、服务员笑容甜美、背景音乐轻柔动人、菜色香味俱全，整个体验就会特别美好。

当我们与外部世界互动时，念头就会经常变动。面对的环境越单一，沉淀的信息越少，产生的念头就越少。

舒适的外在环境会让人升起更多的正念，混乱的外在环境则会让人生起混杂无序的念头。因此，管理好外在环境很重要。有意识地多去接触正能量，聆听美妙的音乐、阅读高品质的书籍、去能量好的场域、感受大自然……都是很好的途径。

很多时候，我们对外部环境并不十分重视，不会刻意挑选和经营。然而，在没有经过挑选和经营的外部环境中，我们的念头同样也是纷杂无序甚至是混乱的，只有对外在环境保持高度的觉知，并经营好外在环境，才能帮助头脑时刻产生良好和正向的念头。

那么，心的感受又是从何而来？是念头的沉淀。

举个很简单的例子：越想越生气。信息进入，一开始会停留在念头的层面，积累到一定程度就成了情绪，这个沉淀的过程是不断叠加的，想得越多就越生气。如果有人说"你今天的着装好奇怪，跟你的气质形象一点都不搭"，一开始你的反应可能是"这个人真不会说话"，但这句话一直萦绕在脑海，你就会越想越生气，不断累积，就会形成情绪，你可能会因此变得不开心，甚至对别人的评价感到愤怒。

相反，也可能有因为外部刺激越想越开心、越想越感恩等情况，比如朋友送给你一箱水果，在你口渴的时候吃着水果，你就会想起他对你的好，越想越开心、越想越感恩。

很多人的念头、情绪和感受停留在一个虚无缥缈的状态，我们不知道自己为何会产生这样的念头和情绪，但是通过以上路径，我们就可以去反观每一个念头和感受的来源，对自己的内在世界有更多的了解，进而形成逻辑，更好地去调整自己的状态。

比如，某天一个人走在路上，突然楼上倒下来一盆水，刚好浇在他的身上，这时候这个人肯定会非常懊恼和气愤。如果楼上倒水的人走下来拥抱他，并对他说："恭喜你，今天是泼水节，被泼到水的人就能心想事成，你好幸运啊。"这时候他就会转念，从愤怒变成开心或者至少是可以接受的，从"被水泼到很倒霉"转变为"水降临在我的身上是很有福气的"，从而越想越开心。

这就是念头的转变，心的感受也会跟着转变。

有时候我们会对父母或者伴侣心有怨怼，却从来不去细想自己为什么会有这些情绪。

举个例子，一个男孩在小的时候，爸爸离开他去了遥远的地方工作，在前两三年，小男孩经常会想："我爸爸遗弃我了"，想多了就慢慢变成一种负面的情绪，最终成为一个无法打开的心结。

直到有一天，男孩的姑姑跟他说："你爸爸当年离家参加西部大开发，每天工作十几个小时，劳累但很努力，都是为了赚钱供你读书。他几年不回来，是因为舍不得来回的交通费，想省下来让你过更好的生活。"

姑姑的话进入脑海，让小男孩生起不一样的念头，可能在一开始并不强烈，后来他不断回忆过往印证姑姑说的话，经由各种途径看到、想到爸爸辛苦工作的画面，这些信息反复在脑海中萦绕，新的认知产生并不断沉淀，终于有一天促使他打开心结开始转念：原来爸爸是爱他的，对爸爸的理解和感恩让他由生气转为了感恩和感动。

情感不是凭空而来的，都是有源头的，源头来自念头。

很多时候别人会劝说你要放下、要宽容，但如果没有找到源头，谈何放下，又何来宽容？每个感受都是有原因的，都是念头累积而来的。

那么，身体的感觉又是从何而来？身体的感觉是心的感受的累积。

当心的感受累积得越来越多、越来越强烈，却没有机会表达的时候，感受就会继续下沉，最终通过身体表现出来。就好像我们常说的"恨之入骨"，刚开始的恨可能只是一个感受，但经年累月没有得到化解，最终才会形成深入骨髓的切肤之恨。

很多时候我们会觉得身体上的一些反应莫名其妙，比如肌肉紧绷、肩膀酸痛、腰部寒冷、喉咙发炎……事实上，除病理方面的原因外，也跟心理有一定的关系。

内在情绪不断累积，得不到释放，就会通过身体表现出来，比如：

愤怒不断积累的时候，牙齿和甲状腺就容易出问题。动物愤怒的时候会撕咬，人也一样，愤怒会通过这些部位表现出来。

长期处于恐惧状态下的人，很有可能会通过肾来"表现"。

情绪还有可能对肠胃造成干扰，我们常说"牵肠挂肚"，经常焦虑的人肠胃一般不太好。

左半边身体不适，可能与自己和妈妈的关系有关联；右半边身体不适，则可能与自己和爸爸的关系有关联。如果身体出现不适，我们可以对应地检查自己与爸爸或者妈妈的关系是否出现了问题。

喉咙是表达的器官，如果一个人总是不能有真实顺畅的表达，如鲠在喉，可能会引发这个部位的不适。

肩膀或腰部不适，可能是因为承担过多；皮肤过敏通常是因为缺少爱和关注。

子宫和乳腺出现问题，可能源自于身体与女性能量的对抗，我们就要检查一下自己跟妈妈的关系；便秘一般与人的不安全感有关……

并非所有的身体症状都与心理有关，但大部分慢性的症状，或多或少会有心理层面的原因。

头脑产生念头，心则是感受，身体承载感觉，哪个部分装的东西最多？答案是身体。如果我们把饮料倒在杯中，时间久了，饮料中的杂质不断下沉至杯底，杯底的沉淀是最多的，身体就像杯底，储存的东西比心多，而心储存的东西比脑多。

据说达摩在少林寺闭关九年留下了两部经典书籍：《洗髓经》和《易筋经》，这两部经典都是关于身体的，通过心和脑的修行，可以获得一些改变。但如果要彻底改变，就要在身体上下功夫，要"洗髓"，要"易筋"，去除长年累月堆积在身体里的负面信息。

外部信息进入脑中，不断累积形成念头；念头进入心不断叠加形成感受；感受不断累积，反应为身体的感觉，这是一条由上往下的路径，一个沉淀的过程。

然而，并非所有的念头都源于外部世界。当我们独处，不与外部世界发生关系，所处环境也没有太大变化时，念头和感受依然在不断地产生。

很多的念头和感受，其实一直都存在，只是在我们与外部世界产生联系时"隐藏"了，而当我们独处，没有任何外在的干扰时，它们便会"显现"出来。

> 概括来说，念头和感受的产生有两条路径，一个是下沉式的，另一个是上浮式的。

不同的人会给我们带来不一样的念头和感受，不同的环境、心境也会让我们产生各种各样的念头和感受。试着厘清哪些念头和感受与他人有关系，哪些源于自我，这对于自我改变很有必要。总体而言，我们可以认为与外在环境有关的部分是下沉式念头和感受，跟外在环境无关的部分为上浮式的念头和感受。新的念头和感受就是下沉式的，旧的念头和感受则是上浮式的。

不难发现，上浮式的比例会更大一些，也就是说，很多念头和感受本来就存在，只是在外界人、事、物的刺激下"显现"了出来，即原有的念头和感受"浮现"了。

如果把念头比喻成雾，感受是水，感觉就像冰。沉淀的过程，就是雾慢慢凝结成水，水慢慢凝固成冰。冰从水来，水从雾来，冰的密度最大，也因此身体累积的感觉最多。

雾凝成水，水结成冰，雾和水都还在，只是以另一种形式储存了起来。

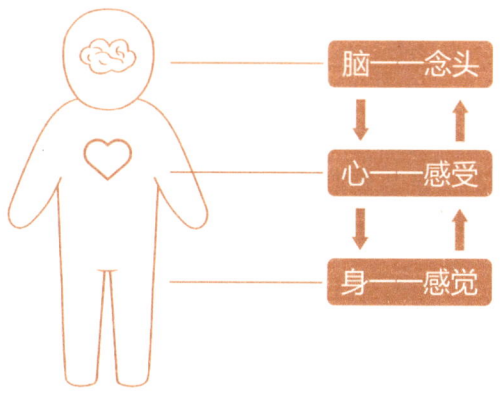

"洗髓"和"易筋"的道理，可以理解为很多的情绪都存储于我们身体的最深处。

同样的道理，念头、感受的上浮就是由冰变水、由水变雾，由感觉上浮为感受，再由感受转变为念头的过程。

念头最终到了哪里？有些念头一闪而过后消失了，有些念头则会萦绕很久，逐渐形成感受。也就是说，念头的去向有两种：要么转瞬即逝，要么下沉为情绪，身体的感觉也是如此。

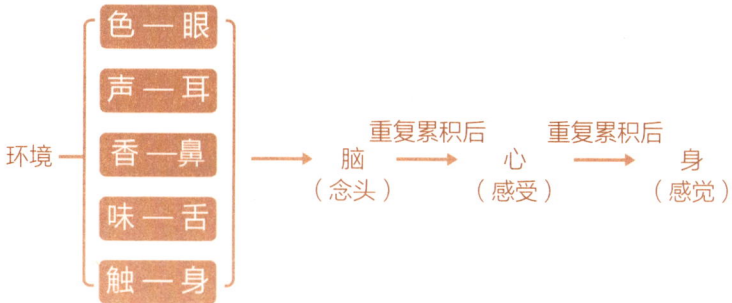

我们与外部世界之间是相互作用的，念头和感受下沉式的过程，就是眼、耳、鼻、舌、身从外部环境中获取到的大量念头累积下沉至心，形成各种感受，继续沉淀成为身体的感觉。而念头和感受上浮式的过程，就是身体的感觉上浮成感受，感受继续上浮产生各种各样的念头，因为这些不同的念头，我们会有不同的行为表现，从而与外部世界产生联系。

有效改变是全面而彻底的，我们在日复一日的生活中无意识地累积了大量的东西，包括信念、情绪、感受、习惯等，所谓"积重难返"，累积得越多，就越难改变。

每天与各种人、事、物打交道，人多多少少都会有情绪垃圾、各种心理包袱的积压，还有很多的头脑制约。很多同学说，上课后他们决定改变，不想过当前的生活，有了新的追求，但是，这些积压总是会见缝插针地牵制着自己，而且他们对这些东西是什么、有多少往往一无所知。

三　"三大追问"清晰我们的内在世界

日常生活中，我们的脑海常常会不经意浮现出成千上万个念头，心情随之改变，身体也会跟着做出相应的反应，千人千面，这都是无意识的。而当我们知道了念头、感受、感觉产生的原因和转化的路径，就会越来越了解自己的内在，不再被本能拉着走。

了解之后，我们要学会运用一些方法，反观念头、感受和感觉的源头——它们是怎么产生、如何影响我们的，从而更好地掌握内在世界。

三大追问就是一个科学、有效且快速地进行深度自我探索的方法。

脑会浮现很多念头，心里面装着感受，而身体有着不同感觉，通过三大追问，我们对自己的脑、心、身进行追问："我在想什么？""我的感受如何？""我的感觉怎么样？"从而对自己的内心世界有更清晰的认知。

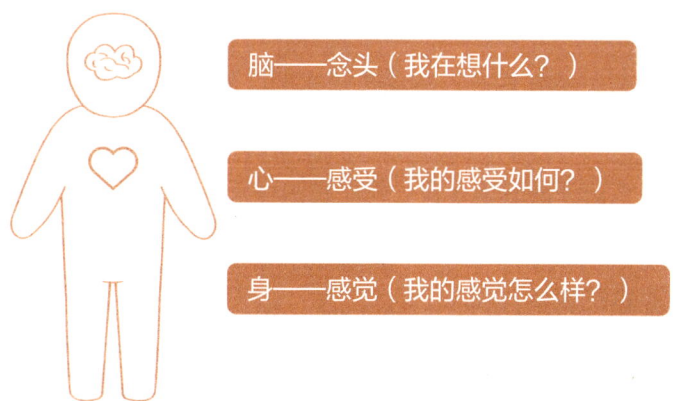

脑——念头（我在想什么？）

心——感受（我的感受如何？）

身——感觉（我的感觉怎么样？）

　　这是一个随时随地都可以进行的自我修行方法，多问自己这三个问题，尤其是当负面念头生起，或有强烈情绪堆积时，通过三大追问，可以让我们保持理智与冷静的判断。

　　当你感受到自己的情绪正在上浮时，把手放在心的部位，去感受你的心情，越细微越好，比如你觉得很悲伤，这份悲伤有多大？是一点点，还是很大？如果你感觉到愤怒，用高、中、低来形容，愤怒到了哪个程度？详细地描绘出来。还有低落、抑郁、焦虑、迷茫、恐惧、愤愤不平、忐忑不安等，找到一些合适的词汇，去描述你当下的状态，如果找不到恰当的词汇，你也可以用颜色来描绘你的心情，比如心情有些灰、有点蓝或者有点红，都是可以的。

　　三大追问，可以认为是每一个希望做出改变的人都必须做的事情。有些人躲进深山里闭关，切断自己与外部世界的一切联系，将自己置于一个近似"真空"的世界里，但仍无法控制时时上浮的大量念头和感受，依然会有各种各样的烦恼，这时候三大追问可能会帮助人们冷静下来，保持理性地去判断自己的心境、处境。

　　《道德经》中说："不出户，以知天下；不窥于牖，以知天道。"不用出门就能知道天下事理，不用亲身经历就能明白万事万物运行的道理，这是圣人认知的高度，我们不是圣人，但不断地自我追问也能帮助我们达到这样的认知与体悟。

三大追问按层级分为初级、高级和顶级，你能通过追问，了解自己膝关节里淤堵的位置、感知右脚拇指关节受伤的区域、联系到胸椎的疼痛吗？勤于三大追问，人的身体就相对不易出现大的毛病，因为追问使人保持敏感，在病情刚有一点苗头的时候，自己就能感知并采取措施将其中止了。

当一个人足够敏感，他会先看到念头，接着就能感受到情绪，再与身体上具体的感觉进行联系。

大部分时间，我们将注意力投注于外部，常常忽略内在世界。所以，在三大追问的初始阶段，我们会不适甚至难以坚持，这些都是正常的，坚持之下三大追问就会成为我们的修行习惯，从而更得心应手。

用三大追问去反观、审视自我，只是修行之路的开始。

㊃ "三大追踪"洞察内外世界的关系

三大追问之后，是三大追踪的能力，这比三大追问要难得多。

三大追问，是去追问当下有什么样的念头、感受和感觉，而三大追踪则是对当下的念头、感受和感觉的溯本求源，即念头从哪里来，到哪里去？自己为什么会有这样的念头和感受，是什么引发的？身体的感觉是如何形成的，该如何正视它们？

面对不同的人、事、物，我们会有不同的反应，一个衣着光鲜和一个衣衫褴褛的人出现在我们面前，就会给我们以不同的念头、感受和感觉；面对一群人的时候比只面对一个人的时候念头会更多，看到熟悉的人跟不熟悉的人时，状态和反应也会不同。

念头、感受、感觉是流动的，但不管如何变动，只要我们对之保持敏感与审慎，就会有冷静和理性的判断，从而寻溯到它们的根源。

追踪念头：从哪里来？停留了多久？到哪里去？

追踪感受：从哪里来？停留了多久？到哪里去？

脑、心和身体是装载念头、感受和感觉的容器，通过三大追问，我们可能了解三者里面分别有什么、有多少、从何时开始存在的，从而对自我有一个更为清晰准确的认知。

而三大追踪，则可以帮助我们看到脑、心、身三者间的关系，通过不断地追踪，一个人慢慢会觉察到，原来这个感受跟这个念头有关，原来这个感受储存在身体的某一个部位。

正如前文提及的，一般情况下我们很少关注自己的内心世界，即便知道其中有什么，但也很难理解它们之间的关系。内观、静坐、冥想、静心等方式可以让我们看到内在的感受和感觉，也会看到生起的念头，但对它们之间的联系大多没有什么概念，不知道它们从哪里来，要到哪里去，相互之间的影响与关系。

我们也很少去探究身体的反应，常常被动地受它们拉扯，被动做出反应。

举一个简单的例子，在餐厅吃饭时，我们会觉得坐在角落或者背部靠墙的位置身心比较轻松，但如果靠近洗手间，而背后没有隔挡就会变得局促不安；一辆放满热水瓶的推车经过，身心也会感到紧张。

如果我们用三大追问的方法敏感地感知到自己身体的感觉："旁边总有人来来回回，还有装着热水瓶的推车，这些让我的身体很紧张。"再用三大追踪的方法深究："我身体的紧张感从何而来？因为我的头脑总是会生起'人们会不会碰到我''热水会不会不小心洒在我的身上'这样的念头，是这些念头让我的心情很焦虑，身体也变得紧张。"

有了这些追问与追踪，我们就不会让下意识产生的紧张感继续，而是有意识地做出一些让自己放松下来的行为，比如换个让自己感觉更舒服的位置。

当一个人足够敏感，他就会将身体反应与环境相联系，在脑、心、身三者之间找到相互关系，了解了这些之后，才能从根本上解决问题，把影响自己的负面念头和感受转化，从而进行一些有效的修正和改变。

从日常做起，从简单入手，一步步地了解自己的身体、心、脑和环境之间的联系以及相互影响、相互作用的方式，逐渐了解自己的内在，才能对外界的人、事、物有越来越清晰的认知。

五 内在世界的负面情绪如何外化

1. 什么是"见光死"？

很多同学问：当内心有情绪时，应该如何释放？有一个很简单的方法，我称之为"见光死"。

要释放情绪，首先得厘清情绪从何而来。外部信息经由五感进入头脑形成念头，念头沉淀累积为情绪。我们可以把负面情绪比喻为心中一颗有毒的种子，如果不将其挖出，就会在心里面生根发芽，在心中开满枝丫，从而影响生活的方方面面。

而见光死，就是把这颗有毒的种子挖出，有意识地去感知潜意识里不好的情绪，从心的层面到脑的层面，将其置于意识之光下，不给负面情绪生根发芽的机会。

有些人一见到大场面、"大人物"就会紧张，如果不从根本上消解产生紧张的原因，这种情绪会伴其一生，只要一遇到同样的场景就会莫名地紧张，紧张就会在身心不断累积，可能让其产生深深的自卑或其他对自己的负面评价，进而影响其正常工作、社交、生活。

如果懂得让这种负面情绪见光死的道理和方法，他就可以在自己紧张的时候轻轻拍下自己，然后对自己说："我感受到你有点紧张，我看见了。"看见就是最大的力量，当这份紧张被意识到时，它的影响力就会减弱，这样多重复几次，有一天他会发现，再遇到同样的情形，紧张的情绪不知何时已经不存在了。

把内心感受反复用语言表达出来，在这个不断把情绪外化的过程中，负面情绪也一点点得到了消除。

然而，现实情况常常是，我们不仅没有让坏情绪见光死的自觉，还会对这些复杂情绪充满评判："唉，我怎么又紧张了。"评判之下，见光死就很难发生，情绪也就难以得到转化。不评判、不压抑，把情绪表达出来，使之见光，负面情绪才有可能逐渐消失。

相关数据显示，女性普遍比男性长寿。这与男女面对情绪时不同的反应有很大的关系，相较而言，女性更愿意表达自我，当遇到不愉快的事情时，女性更愿意也更容易通过哭泣或诉苦来宣泄，其实这就是一个无意识的见光死过程。

反观男性，这种外向表达则相对困难许多。俗话说"男儿有泪不轻弹"，在大家的认知与教育经验中，男性更多地被假设、教导要勇敢和坚强，久而久之，当他们有情绪时，大部分人会选择默默承受、忍耐，但情绪并没有消失，只是被暂时压了下去，让毒种子深埋内心，一点点汲取正向的养分，进而吞噬着一个人该有的正常情绪表达。

所以我经常鼓励学生，难受时就直面它，只要不伤害别人、不伤害自己，就用自己的方式表达出来，在信任的人面前倾诉、独处时让情绪流动……这些都是非常有效的方法。不要尝试去合理化任何情绪，更不要压抑，情绪并不会因为主观合理化或者压抑而消失，反而会隐藏起来，伺机爆发。

2. 见光死的类别

见光死可以认为是情绪的代谢，它分几种类型：

第一种是由内向外、被动式地见光死。我们与外部环境间的相互作用是持续的，环境带给我们的信息有正向也有负向，对正向信息的接收与回应的路径基本很顺畅。举个例子，比如一个人因为工作出色而升职加薪，因此特别开心，于是请同事吃了非常丰盛的下午茶，这就是一个顺畅的正向输入和输出。

面对负面信息，我们一般会如何反应呢？有可能就是这里所说的被动式的见光死。比如某天一个人走在路上，一个陌生人突然不明就里地对他一通责骂，他感到特别气愤，于是骂回了对方；比如正在上班时突然接到妈妈的电话，在电话里妈妈满腹牢骚，他心里特别憋屈，忍不住对妈妈发了一通脾气。

一个人在没有前提或者没有做错事的情况下受到莫名的指责，如果选择立即反击来表达情绪，就是一个被动式见光死的过程。

以上只是举例，真实生活场景中，我们通常很少选择让情绪被动式见光死，因为我们都戴有这样或那样的社交面具，遇事说话之前都会先"聪明"地察言观色，不轻易表露真实的情绪。比如工作中受到了领导的批评、客户的刁难或者同事的不公平对待，即便内心难受，我们还是会在权衡之后把情绪压下去；对一些让我们感到不舒服的话，我们常常更有可能选择忽略它们；面对长辈过高的期待和喋喋不休的念叨，我们更有可能选择逃避。

当然，如果我们任由情绪被动式地见光死，就很容易走向失控，四处扔情绪垃圾，最后也只能是被坏情绪反噬。

但如果我们连让情绪被动式见光死的机会都没有，只懂得压抑，久而久之，身心也会因垃圾情绪的积累而疲惫不堪，进而影响到我们的身心健康，以及与外部社会的关系。

"见光死"是一个清理垃圾情绪的过程，但被动式见光死并不能从根本上解决问题，因为至少要学会见光死的另一种方法，也即主动地见光死。

当外界信息让我们产生了负面的情绪，大多数情况下，我们虽然感到不舒服，但理性会让我们以大局为重，不要轻易表达——压抑并不能解决问题，反而会沉积为更严重的情绪负担。

主动式的见光死指的是有意识地清理内在情绪垃圾的方法。当情绪涌现，直视并感受它们，不逃避、不压抑，用一些适合自己的方法进行释放，比如向朋友吐槽、倾诉，或者画画、舞蹈、运动、写日记、唱歌等。

先是要彻底改变对负面情绪的既有认知，可能以前更多的是压抑，或者在忍无可忍之下随意爆发。而懂得让情绪主动地见光死的人，会直面情绪的到来，看见它，找个安全的空间或者在值得信任的人面前宣泄，释放它。

懂得了主动地见光死，我们就不再轻易被情绪操控，很多时候，人们是不太愿意正视负面情绪的，而是宁愿通过看电视剧或者刷手机让自己变得忙碌，以此来转移注意力。然而对情绪的视而不见，只是掩耳盗铃式地自欺欺人，于事无补。

当有情绪生起时，直面它，利用主动式见光死的方法，不仅能及时清理不好的情绪，更能让人以更为敏锐的感知力去感受自我。

以上这两种释放情绪的方法都是由内而外的，外部世界信息的进入让我们产生了负面的情绪，并做出不同的反应。被动式见光死的情况是指我们任由情绪发泄，虽然得到释放，但同时也会产生一定的负面影响；而主动式见光死则是指情绪以合理有益的方式释放。然而，这些也不足以让情绪得以完全消除。

还有一种与之不同的方法可以帮我们达到释放情绪的目的，它的路径有别于上面两种"见光死"，是由外而内的，我把它称为"情景外应疗法"。

3. 情景外应疗法

大多数情况下，我们的生活是机械重复的，从工作到小细节都不外乎于此。我们习惯了每天起床左脚先着地、用右手挤牙膏、早餐更喜欢吃包子、出门用左手关门；更喜欢穿宽松的外套、用玫瑰味道的香水。有人爱吃辣、有人爱吃甜食，有人喜欢安静、有人喜欢热闹，有人喜欢在台前、有人喜欢做幕后工作……但不管如何，生活都在重复，因人而异而已。

基本情况下，我们大都无意识地根据自己的偏好选择自己喜欢的方式生活，如果不刻意地去觉察，我们不会去审视和追问自己性格和偏好的由来，因为待在舒适区，是大多数人认为最"省事"的选择。

然而，人不可能一辈子生活在舒适区中，一方面是外部客观环境、条件不允许；另一方面，人也不可能甘于现状，终其一生过着一成不变的生活。

日常生活中，我们要有意识拓宽自己的边界，勇于突破，敢于改变，主动去体验不一样的人或者场景，尤其是让自己生起负面情绪的人或者场景，通过这些新的经验，反观自己所产生的念头、情绪和感觉，从而更加了解自己的内部世界，获得身心的提升。

这种主动去接触让自己感受到不舒服的人或者场景，并在经历中获取成长的方法，就是"情景外应疗法"。

在这一过程中，所有让人感觉不适的人、事、物、影视、声音、场合、地方、情景……都可称为"外应"，是外应的刺激把人内在不好的感受外化，形成情绪或行为表现。

饭局上，坐在老板的身边会让人感觉特别有压力，"和老板坐在一起"就是外应；在课堂上，异性坐在旁边会让人紧张，"异性"就是外应；在生活中，孩子一哭闹，父母就特别容易情绪失控，"孩子哭闹"就是外应……

大多数情况下，大部分人更愿意把自己的不适归因于外在的人、事、物，但很多时候这些感受早就存在于内心。

基于趋利避害的本能，人们都不太会主动选择去体验不一样的人或事，但没有尝试就很难有真正改变。

每个人的外应都不一样，我们要从自我的实际去突破：如果你害怕某个人，就有意识地去接触他；如果你害怕某个场景，就有意识地进入类似的场景……这个时候你不需要特意做什么，跟着心走，感受它，面对它，对自己说："嗯，我看见你了，没有关系的"，不断去审视自我内在的感受，在体验的过程将不好的情绪消耗。

这是有意识成长中非常重要的部分。

> 在一个有意识的行为里，让你无意识的情绪生起，这个过程就相当于见光死，疗愈就在这个过程中发生。

外应刺激下显现的很多情绪，并非因外应而起，它们本就存在，外应只是诱因。

往一口满是水的井里扔一个桶，把桶拉上来，就会得到一桶井水。但如果这是一口枯井，不管我们把桶丢到井里多少次，也不会得到水。因为桶本身没有水，水在井里。

如果一个人的内心本没有愤怒、憎恨、恐惧或者其他的情绪，那么他就不会轻易被任何一种外应所影响。

　　由上可知，外应刺激下显化的，通常是一个人内在被压抑的那一部分情绪。这种情绪，我们通常会选择隐藏。

　　我们必须自知：这些情绪源于自我，才不会迁怒或归因到其他地方。一个从小害怕妈妈的人看到跟妈妈相似的人，就会想起对妈妈的恐惧，这些反应跟这个像妈妈的人可能没有太大的关系；不喜欢高傲的人，可能只是不喜欢高傲的自己；同样地，不喜欢很有主见的人，可能是由于自己的观点、态度没有得到表达。只有意识到这些，一个人才能不被感觉带着走，才有直面它的底气和勇气。

　　这需要一点点练习的积累，生活中某一个人或某一类场景，让你记起某些事情，唤醒某种情绪，那就带着觉知正视这些上浮式的念头和情绪，关注身体反应，让这些情绪表达出来，得以流通，然后才会"见光死"。

　　面对外应的刺激，我们要学会反躬自问：究竟是这件事让我愤怒、悲伤和焦虑，还是我的愤怒、悲伤和焦虑本来就在，事情只是它的诱因而已？

　　或者换一种说法，是发生的这件事情本身让我愤怒、悲伤和焦虑，还是我的愤怒、悲伤和焦虑借由这件事情表现了出来？

　　不可否认，我们只选择看到我们想看见的事情，接触我们想遇见的人，经历让我们感到舒服的事情。

　　所谓的"境由心生"。很多时候，外应与情绪之间的关系就像锤子效应，拿起锤子的时候，你看什么都像钉子。内心愤怒，看什么都易怒。

　　快速成长就要好好利用外应去检视自我。反问自己：哪些地方或场景是自己不喜欢的？哪些人是自己不愿意靠近的？带着这份自省去经历，才有可能看到不一样的自我。再有意识地去体验，久而久之，这些外应就不会再轻易引起自己内在的情绪反应。

　　外应不会主动告诉我们，而是需要我们去观察寻找，通过感受外应所引起的情绪变化去判断，多重复几次，就能切断它们与情绪之间的"必然"联系。

如果有一天，不管面对什么样的人、场景，你都可以自如地接受和面对，改变就发生了。到了一定阶段，你还会由这些外应产生慈悲之心，懂得去体谅别人，检讨和反省自己让别人感觉不舒服的地方。人的眼界与心胸越来越宽广，与自我、世界的关系才会越来越和谐圆融。

第 一 篇

Chapter 01

人生的全面蜕变——头脑篇

成为自己的人生导师

头脑是我们生存于世界而有别于其他动物的凭证，头脑有着强大的思维能力，帮助我们记忆、分析、比较和判断等。头脑中也会时刻闪现出无数的念头，这些念头累积成为情绪或者感受，最终体现为身体的感觉，进而引导我们面对外部世界时做出相应的反应。

头脑很强大，但如果我们能做头脑的主人，善用头脑，就能在外在世界的相处中得到自我实现：事业、知识、金钱、家庭、友情等，得到很多我们想要的东西。

做头脑的主人，首先要对头脑的运行机制有一个深度了解，其次是用合理方法运用其功能，即：专注力、结构力、解构力、逻辑力、记忆力、想象力、影响力、行动力。

一 培养专注力

打造大脑的第一步就是要做好专注力管理，保持高度的专注力可以让头脑拥有敏锐的觉察力，我们才不会被头脑中纷繁杂乱的念头左右。

> 所谓专注力就是一个人能够持久地把注意力投注于一件事情的能力。

日常生活中人们的注意力是非常零散的，尤其是现在这个信息爆炸的时代，每天睁开眼睛，各种信息铺天盖地而来，现实社会的、虚拟世界的、自我的、周边的等，都在一点点地分散着我们的注意力。

纷扰芜杂的信息让我们的注意力总是飘来飘去，一会儿在孩子身上，一会儿在伴侣身上，一会儿在工作上，甚至一只经过的小狗都会分散我们的注意力。

如何才能提升专注力呢？

注意力是人思考与行动的指挥官，当它与脑高度集中时，我们就能够保持专注。因此，想要专注，最重要的就是让注意力回归，用它去指挥头脑。

很多时候人们都是"身在曹营心在汉"，处于注意力不在线的状态。有一次我外出就餐，我在餐厅拿着房间号码牌问服务员："请问V2房间怎么走？"服务员用空洞的眼神面无表情地看着我，但我又感觉他没有看到我，连问了两次他都没有反应，于是我把手在他面前晃了几下，他才回过神。注意力不在线，人就会经常处于游离的状态，脑袋空空，对外界的觉知几乎为零。

相信大家也会有相类似的经历。比如陪伴孩子的时候，明明就在孩子身边，但是注意力却不知飘到了哪里，有时孩子玩着玩着会突然说："妈妈看看我。"当人心不在焉时可能自己不会觉察，但身边的人是能感受到的。如果注意力不在，就算天天陪伴，孩子依然感受不到你的存在，即便你亲吻、抚摸他，孩子也无法感受到真正的陪伴。

所以，注意力不在，任何一点外界的干扰都会对人产生影响，有些人即便跑去深山里打坐闭关，但是内心纷扰的杂念依然会不时跑出来，修行也只能沦为一种形式。

人本来就有专注力的天赋，想象一下这样的场景：你在酒楼吃饭，不管环境多么嘈杂，餐厅音乐、其他食客的声音、服务员迎来送往的声音、碗碟碰撞的声音、孩子的吵闹声……即便同时有这么多的声音存在，但你也会自动"过滤"掉它们，眼、耳、身、心专注于跟你一起吃饭的朋友身上。

我们要有观照自我注意力的能力，保持注意力在线，头脑就能保持专注于一个目标上，这个目标可以是一个人、一本书、一部电影或者一个项目……

以我讲课举例，当我准备要开一门新的课程，我就会把所有的注意力专注于课程上，进而去阅读大量相关的书籍，对课程、练习进行一些设计等，专注让我对于这门课程的讲授有更好的理解与构思，确保了课程质量。

将注意力专注于某一件事情上，如同拿着放大镜持续对着一根火柴，坚持下去，当能量积聚到一定程度就会产生火苗。反之，如果我们拿着放大镜晃来晃去，火柴是永远不可能燃烧的。

提高专注力的方法有很多，比如我们可以试着有意识地创造独处的空间。很多时候我们的注意力之所以散乱，很大一部分原因在于外在的干扰太多，创造一些独处的空间，不仅能减少外在的干扰，同时还能回归内心，梳理内在的情绪，减少来自内在的干扰。

我们也可以通过增加仪式感来提高专注力。仪式感很容易聚焦人们的注意力，比如与伴侣共享一顿浪漫的烛光晚餐、与孩子一起切生日蛋糕、为自己营造一个舒适的阅读环境，轻轻地把书放好，在旁边放一杯咖啡，点一支蜡烛等，准备仪式、享受仪式感的过程就是注意力回归的过程。

有意识地在日常生活中营造一些仪式感——可以是很小的事情，只要我们赋予它意义，吃饭、洗澡都可以是一件很有仪式感的事情：细嚼慢咽，把注意力带到每一口食物上；专注于洗澡，感受水流经皮肤的触感。

> 注意力的回归需要内在与外在条件的满足。如果我们内心渴望做成一件事情，但外在不断有干扰，内心就会受其影响；而如果我们身处一个安静和谐的环境，但内心却不能安定，也无法达到精神的高度集中。

有意减少外在和内心的干扰因素，把注意力恒定于某一事情或目标之上，坚持之下，才会逐渐形成专注于我们目标的能力。

三 善用结构力

结构无处不在，不夸张地说，整个社会都处于一个个结构之中，没有结构将会陷入混乱。日常我们所接收的信息、学习的内容、付出的努力往往都是散点的，每天忙碌却不知道为何而忙，也不知道到底在忙些什么，究其原因，皆缘于我们做事情的无结构性。

如果你被告知："请帮忙准备一些物料，包括萝卜、羊肉、打火机、煤气炉、甘蔗、腐竹、花生、盐、油、醋……"加起来有三四十种，你能在短时间内记住吗？

　　但如果换一种说法："今晚我们要吃羊肉火锅，请你去买一些食材，包括萝卜、羊肉、打火机、煤气炉、甘蔗、腐竹、花生、盐、油、醋……"这时候我们就有了一个"羊肉火锅"的结构——因为都是与羊肉火锅有关的食材，用这个结构把这些食材串联起来，再去买材料的时候，条理就会清晰许多。

　　再比如当下时常为人所诟病的刷手机行为，也是因为平时看手机是没有结构的，有时在信息碎片的海洋里游荡半天，真正记住的却少之又少。但如果带着结构力去看手机，效果截然不同。有一段时间我研究元宇宙，不管是百度、今日头条或者其他的APP，我的关注点都围绕着这个主题，对于那段时间的我来说，"元宇宙"就是一个结构，我会在这个结构下面去筛选信息，每一次浏览，就相当于一次元宇宙结构的夯实，同时，因为有了元宇宙这个结构，我所获得的信息也有所归纳与分类，更便于理解与记忆。

　　很多孩子不知道自己为什么要读书而将学习视为一件令人头疼的事情，语文、数学、英语有什么用？为什么读？结构性的缺失直接导致他们对学习的抗拒，有些父母不知道这层原因，反而为孩子报读更多的兴趣班，绘画、音乐、舞蹈……结果只会适得其反。

　　假设一个小女孩有一个梦想：长大了要开一家酒店，酒店的名字叫蓝莓酒店，要接待的是来自全球各地的客人。那么，"蓝莓酒店"就是一个结构，在此之下，她会慢慢理清要实现这一梦想所要做的事情：学好英语乃至更多国家的语言；要懂得设计；如果她还想在酒店里挂满自己的画作，还要学好绘画；为了吸引更多的人来酒店，她要会讲故事，相关知识和信息方面就要有所准备；等等。

　　同样的道理，如果想要孩子形成主动学习的热情，最重要的是要立志，也就是说，为孩子的学习搭建一个结构，可以是志向、目标、梦想等，他的知识获得才有所归属，也会让每一次习得都看得见、有获得感，从而激励他更加积极、主动、努力地学习。

　　再比如我们要装修房子，平面图就是一个大的结构，定了大结构，再慢慢去想构成这一结构的要素：木地板、墙面、家具、灯饰、装饰品……把任何事情所必需的因素都搭建在结构的底下，做事情才有目标和成就感。

万事万物皆有结构。

学习历史，地图就是一个大的结构。如果你熟悉中国地图与各个朝代的历史发展，就可以把与每个朝代相关的信息都装进这个结构中。

一本书也是一个结构，有目录、章节、段落、观点……如果你想快速地记住一本书的内容，就要先熟悉框架，再分章节地把内容记住。

企业也是一个结构，结构之下，有服务部、行政部、产品部、营销部等分支部门，而每一个部门又可视为一个个的小结构。

中医讲五脏六腑是大结构，之下有更小的结构，医学知识都建构在这些结构底下。

通过以上举例，我们不难看出，做任何事情都要先有结构，包括人的一生、一年、一个月甚至一天都有其结构；一个人的幼年、少年、青年、中年、老年阶段，也都是一个个人生大结构之下的小结构。

> **结构的最大功用在于它可以让人的精力、时间、资源以及其他所有的付出累积！**

大多数成功人士都具有强大的结构力，只是各有其表现方式。有了结构力，目标就不会散乱；有了结构力，获得和能量就可以叠加。一个人想要成功，但没有结构就会没有目标，什么都想做，胡子眉毛一把抓而没有形成累积，是很难成功的。

一个清晰的结构，可以把时间、精力、资源全都整合起来，形成合力。

梦想、计划也是一个结构，大家经常会说，结果是什么不重要，重要的是在过程中收获了什么。说的就是在梦想这个结构中，我们投放了精力、时间、资源等，这些在一个框架下累积自然会有其结果，结构足够清晰，持续累积，梦想的实现是水到渠成的事情。

很多人毕业后参加工作，读书的积极性反而更高。因为工作是一个结构，读书可以让这个结构更加坚固，从而优化我们的工作表现。如果从事的是财务工作，就可以把日常所学的相关知识都搭建在这个结构中，看财务书籍、上财务课程、关注财务信息，久而久之，你就会在自己的岗位上有卓越的表现。

搭建、夯实好小结构，才能够构建更大的结构。

同样以财务专业举例。一名大学生在校期间，首先要学会的是把财务专业知识这一结构构建牢固，只有这样，在他工作的时候才能构建更大的结构。企业发展是同样的道理，了解企业各部门的运作体系，然后形成一个更大的结构。

我们经常听到关注圈和影响圈这两个概念，当关注圈比影响圈大的时候，我们会产生无力感。

所以，当小的结构还不够稳固时，不要急于去搭建更大的结构，回到那个你能把握的最小的结构，把小结构先做好，等它足够稳固时，再去了解其他的领域，你了解得越多，就越能在某个领域得心应手，就能在自己的领域有更为出色的表现。

大结构包纳小结构，小结构叠加成为大结构，我们要具备夯实小结构的能力，也要有搭建大结构的眼光和格局，个体与整体，局部与全局，都要有所兼顾。

时刻保持结构性思维，这样，每天所习得的知识、所付出的精力和时间，都能有所归拢并发挥其价值，用一个个坚固的小结构累积成为一个大的结构，从而形成更大的人生局面。

⚏ 巧用解构力

结构力和解构力是一对相伴而生的概念。结构力把散点元素归拢为一个整体，具有整体性与逻辑性；而解构力则是对一个整体进行解构，用于局部研究分析。

比如写一篇文章，首先要对文章进行解构，细分成句子，再把句子拆分为词，把词具体拆解成单个的字。

再比如阅读一本书，首先要对书进行解构，解构为目录、章节、段落、观点……只要解构得足够细致，不管内容多复杂，都能快速高效地去理解。

如果要研究一家机构，也要先把这家机构细化到部门、岗位、工作分工、客户服务标准、客户大数据等，我们所能研究的，只能是一个个拆解出来的局部。

很多物理方面的研究，其实也都源于对物质的解构，比如早期人们以为原子就是物质中最小的粒子，但通过对原子细致的解构，才发现原来原子还可以分解成电子和原子核，而原子核又可以分解为质子和中子，质子和中子又可以分解成夸克。

综上可知，解构力是帮助我们学习和研究事物的，面对一件事情我们常常觉得无从下手，但如果对其进行解构，条理就会逐渐清晰，解构得越细致，对事物的了解越准确。

正如前文所述，任何大结构都是由一个个小结构组成的，如果小结构没有搭建好，大的结构哪怕搭建了，也只会是一盘散沙。运用结构力搭建小结构，再把小结构累加成为大结构。

以电动车企业研发新产品为例，首先需要了解市场上现有电动车情况，就要把整个电动车市场拆解为各个部分，再在各个部分中进行研究判断，存精去劣，优化升级，才能达到提高新产品市场占有率的目标。

研究某一个体，人就是一个大的结构，大结构之下又可分为脑、心、身体、环境和注意力等各个小结构。要了解一个人，就要研究他的思维、内心情绪、生活环境、身体状态等，通过对这些情况的掌握，才能全方位了解一个人。同样的方法也可以用于自查自省，通过了解自己的思维、感受、感觉和环境，以及注意力，全面掌握自己的情况，包括身体的、心理的，以及社交方面等。

解构力可以让我们快速清晰地了解身边的万事万物，懂得了解构，我们就能对任何看似复杂的事物进行拆解，在认知自己、认识世界方面，解构是一个非常有效的方法。

四　运用逻辑力

逻辑力是一项头脑专属的能力，近代很多科学发明都是诸多力量驱动的结果，最重要的力量驱动之一就是逻辑力，逻辑力有两个重要的分支：归纳和推理。

归纳就是找异同，也就是研究事物重复的规律。推理就是找因果，每一个结果的发生，都可以追溯到原因。

举一个简单的例子，我们会发现，不同的餐厅吸引着不同的客户：在快餐店进餐的人是不会停留太久的，吃完就走；而在咖啡厅的人们，一杯咖啡和一份甜点，就会让他们停留许久，慢慢品尝，跟友人聊聊天，有时一坐就是大半天。

为什么会有这样的不同？我们可以通过归纳研究其中的规律。从装修风格方面来说，快餐店的门或窗大多是玻璃的，比较通透，光线也会偏亮，桌子基本是方形的，凳子基本没有靠背，即便有靠背也是80°～90°斜靠。这样的角度，久坐是不舒适的。

在光线够亮、直线够多、气流很快的场域里，人们不会想停留太久，基本都是消费完就走，而对于快餐店来说，也希望客人快速流转，需要更高的客流量。

相反，咖啡厅的气场则是偏柔性的，窗户不多，灯光幽暗，气流很慢，在这样的场域里，人会想坐下来发发呆，聊聊天，而对于咖啡厅来说，也希望客人能坐得久一些。

如果你经历过有意识地透过外在不同去研究其中规律的过程，你会发现这就是逻辑力中归纳的运用。

而逻辑力中的推理，则可以帮我们找到事物的前后因果，当我们通过归纳得出了咖啡厅更倾向用柔暖的光线之后，就要研究原因何在。通过推理我们会发现，当光线太亮时人就会比较有精神，光线除了让人想动，还会让人产生一种暴露感。这也是恋人们的约会地点会倾向于咖啡厅而不是快餐店的原因之一，因为热恋中的人其实并不希望被对方看得全面、清楚。

机场不设置座椅的原因也在于此，就是要让人动起来，到处走走逛逛，才有可能产生消费。商场里面没有窗户也不设时钟，就是想让顾客逛得忘记时间。

对于任何事物，我们都要学会观察，只有观察才能找到规律，才能知道自己该如何对待它们。

> 巧用逻辑力，我们就发现万事万物的规律，从而更好地指导我们的言行举止。比如拍照，我们可以通过研究大量优秀的摄影作品得出好的摄影的规律，才会知道好的照片都会有水平垂直、元素丰富、高低错落、远近层次、光影明暗这五大特点，从而更好地欣赏摄影作品，理解拍摄者的取材立意。

几乎所有伟大的发明也都是靠逻辑力里面的归纳和推理实现的，爱迪生发明电灯，是从成千上万次失败的实验中找到规律；诺贝尔发明炸药，也是在一次次的实验中总结出爆炸的原理，这样的例子数不胜数。

五 提高记忆力

记忆力是人们知识、经验积累的基础。我们从外界所获取的知识和经验，全凭记忆力将其储存在脑中，并应用在生活、学习和工作等各个方面。

强大的记忆力是获得成功的重要原因之一，成绩优异的学生之所以能与其他同班同学在成绩方面拉开距离，最重要的原因之一也是其记忆力超强。

不难发现，各行各业之中，记忆力强的人也更容易出类拔萃。许多企业家、政治家、军事家的成功，也得益于他们惊人的记忆力。

记忆力的重要性不言而喻，虽然大部分人的记忆力其实都处于一个普通甚至偏低的水平，但也不必因此而气馁，良好的记忆力是可以通过锻炼达到的。

很多人看书，隔一段时间就会对其中的内容感到陌生，更难以将所学应用于生活、工作之中，这无异于浪费了一本好书，也浪费了自己的时间。

很多人诟病刷手机的行为，也是因为大多数人通过手机获取的信息，暂且不论好与坏，往往是阅后即忘，难以在脑海中停留，更奢谈从中获取有益的信息和知识。

但如果我们是有意识地去搜索浏览，刷手机也可以是一个我们获取知识、信息很好的手段。

有一位大学教授在接受采访时被问到为什么他的记忆力特别好，他说："没办法，我的眼睛天生有缺陷，每次能看到的东西有限，因此我看书的时候，一定会逼自己记下来，如果记不住我就要花费更多时间重新去找。"

记忆力是可以养成的。我们平时可以通过自我提问、多回想、多有意识地去看和思考等方法，让知识在头脑中重复回放和整合，从而不断提高自己的记忆力。

六　发挥想象力

我们通过眼、耳、鼻、舌、身从外界获取信息，各种各样的信息来到脑中形成念头，念头累积在内心形成感受，感受累积到一定程度表现为身体的感觉，这是上文提到的下沉式路径，大家可以通过记忆力回想一下另外一条上浮式路径。设想某个周末一个人在家，当我们忙完手头上的事务坐下休息时，周围并没有其他人或环境的干扰，内心却会浮现许多意想不到的情绪，这些情绪从何而来？可能只是缘于头脑中突然闪现的一个念头或画面。

外界并没有发生什么不一样或特别的事情，但只是脑海中浮现的某个念头或画面，就足以让我们产生无数意料之外的想法，影响我们的情绪，可见大脑想象力的强大。不管我们的大脑想象出来的东西是真是假，都会对我们的行为产生一定的影响，如果我们不了解想象力，就无法发挥它的正向价值，更不要说去避免因对想象力的错误判断而产生的一系列不好的影响。

 "脑残"＆"脑补"

有一次，我跟一位靠近窗边而坐的学生讲了一个故事："你知道你现在坐的这个位置曾经发生过什么吗？在2016年这里装修的时候，一个装修工人安装天花板上的灯，在安装到第三个射灯时，他想下来挪动一下梯子，一个脚滑，从高脚梯上径直往下摔到地上，那时候的地上，刚好放着一些装修工具，他的头部正好撞到了这些工具……"这时，我突然想起自己还有一个重要的电话要回，故事还没有说完就急匆匆地走开了。

而这位学生的内心却无法平静了，虽然我并没有说到这件事情的结果，但在她的脑海里，会无法自控地去想象当时发生了什么，她的想象应该是更倾向于悲惨方向，所以会越想越不舒服。

其实这只是我编造出来的一个故事，所以根本不存在所谓的"真实情节"，但这并不妨碍她在脑海中对这个故事的想象，我把这种通过想象对自己的精神进行伤害的方式，称为"脑残"。

一个孩子在7岁那年，爸爸因为喝醉酒打了他一顿，后来他的爸爸把酒戒了，再也没有打过他，但对这个孩子来说，7岁时发生的事情是一份不可磨灭的创伤，以至于他8岁、9岁、10岁时，爸爸打他的画面总时不时地浮现在他脑海中，他因此变得内向、自卑、恐惧，即便长大后，面对陌生人他也会很紧张。当初爸爸对他的一次酒后伤害，却让他自己在脑海中伤害了自己很多次。

就像之前我给学生讲的那个故事，如果她在意结果，就会选择通过想象把未讲完的部分补上，但问题是，大部分的人都更倾向于做出不好的想象。

前文提到一个小男孩和在外地工作的爸爸之间的事情。爸爸在他出生不久就去了很远的地方工作，一直都没有回来，不明真相的孩子就会通过想象把爸爸的离开归因为"爸爸抛弃了我，爸爸肯定很讨厌我……"，继而用负面情绪来"脑残"自己。

有一位来访者来做心理咨询，说："这几年来我总是觉得有人跟踪我，我是不正常吗？"

我说："有没有人跟踪并不重要，重要的是你会用想象来残害自己，这种伤害远大于你真正会受到的伤害。"

脑残的对立面是脑补，是指通过想象力让自己得到一些正向的信息和影响，这样我们就不会轻易陷入负面的想象。所以，了解并掌控想象力，从用负面信息脑残转向用正向信息脑补非常重要。

试着闭上眼睛回想你和伴侣第一次见面的情景，当时你们多少岁、在哪里、聊了什么、周围的环境如何？如果你当下正和这位伴侣享受着和谐的亲密关系，每一次想起初识的画面你都会觉得好像重新恋爱了一次，充满温暖与幸福。

一个非常成功的企业家曾经说过："方寸之间，自有天地。"道理是在说，人生的宽广度、纵深度全取决于自我。很多在自己的专业领域取得成功的人，都是这方面的高手。作为具有社会属性的人，人生不可能事事顺遂，常常会面临困难和非议，大部分人会选择躲进自己的舒适圈内生活一辈子，但对于任何想要有所作为的人来说，这些挫折都不足以阻挡其自我追求的脚步，面对逆境，他们会自我激励，用勇气和希望坚定未来的路，而这种力量，来自于想象力。

想象力对于我们最大的帮助，就是让我们可以不必事事都亲历就能获得某些经验，有些情感、事情，我们可以借由想象力构建出它们的大致轮廓，从而使我们的人生更有效率。

当然，单纯脑补是不足以成就自我的，最理想的状态是经营好外部环境，让生活在自我努力之下呈现出和谐美好的状态，这才是最重要的，也只有拥有良好状态的人，在面对逆境之时才有信念和力量去脑补给自己渡过难关的支撑。

想象力是天马行空的，但念头、情绪却是由环境而来，如果不能合理运用想象力，反而会受到其影响。而有意识地想象，即便事物没有真实发生，也会对人的当下情绪、行为产生巨大的影响，这就是脑补或脑残的力量所在。

"望梅止渴"这单独的四个字并不能让我们有任何特别的感觉，因为它们与自我经历无关，但如果有人说："在我的家乡，盛产山楂，人们喜欢把山楂从树上摘下来，那时候山楂还没有完全熟，非常酸，人们把山楂和蜂蜜泡在一起，至少泡一年后，把浸泡山楂的瓶子打开，你会闻到一股非常鲜香的山楂味，拿一个吃进嘴里，山楂汁爆满口中，那种酸甜多汁会让人回味无穷。"听着这些话语，我们会在脑海中想象出这个画面和山楂的味道，垂涎欲滴。

有人可能会说，想象与真实经历还是会有区别的。这是必然的，但当你的想象力足够丰富，不管事情是否真实发生，都能从中汲取对自己有益的信息。

相信大家都有过梦醒来依然觉得真实的经历，既然梦境并非真实，为什么会有这样的感受呢？因为对于内心来说，梦境是情感真实的。

心动才可能会有实际的行动，人是情感动物，如果事情真的发生了，但心却未受其影响而置身事外，那么于个体而言，这件事是不能对我们产生任何影响的。

丰富想象力的前提是注意力的高度集中，如果一个人的内心充斥着纷繁芜杂的念头，就很难去想象美好的画面。

做自己的人生导师，是指我们既能主导所处的外部环境，也能洞察内心，达到内外统一、和谐的人生状态。当需要脑补时，我们不妨去试着想象一些曾经带给自己美好经历的人和事物；当发现自己沉溺于负面情绪之中时，要学会马上中止这种脑残行为，不至于被它拖着掉入悲观的泥淖之中。

七　体验影响力

每个人都是人生的体验者，五官会从外部世界捕捉各种信息，并形成念头、感受和感觉，如果用解构力来解构的话，这些感受可以拆解成念头、声音、色彩、味道、触觉、视觉。

什么叫影响力？影响力就是通过管理好一个人看见什么，听见什么，闻到什么，品尝到什么，触摸到什么，进而去管理好他想什么和做什么。

作为体验者，我们要对外在的色、声、香、味、触保持敏感，如果知道念头、感受和感觉从何、因何而来，我们就能掌控自己的念头、感受和感觉，而不是无意识地受它们的影响。同样地，所谓"境由心生"，我们也能通过这种影响力，去营造不同的色、声、香、味、触等体验，从而对自己周边的人、事、物产生影响。

以听觉举例，当我们听到不同的音乐，就会有不同的情绪起伏。听到伤感的音乐，内心就会产生沉郁悲伤的情绪；而欢快的音乐则会让人心情舒畅，激昂的音乐会给人以力量。每首歌都有它的力量、磁场，引发我们不同的念头和情绪。

语言也可以影响别人，因此说话的方式非常重要。比如，一对夫妻在家中宴请客人，客人陆陆续续一直没到齐，如果这时等待中的妻子说了一句"该来的还没来"，刚好被已经来到的客人听到了，他们心里就会很不舒服，可能有的客人一生气就走了，而如果这时丈夫再说一句："不该走的却走了"，就又会让留下的客人感觉到很不舒服。说话是一门艺术，因为对于同样一句话，不同的人会有不同的解读和感受。

每个人的起心动念不是凭空而来的，都有其原因。如果想要通过这些来影响别人，我们就要思考：该如何影响？想影响他人的哪些方面？因此，我们要对所接触到的色、声、香、味、触有非常深刻的领悟，只有这样，才能通过外围的环境去影响一个人的念头，进而影响其感受，并引导他做出合适的行动。

　　当我们行走于高端的售楼中心，舒适和谐的环境让人心情愉悦：笑容甜美的销售员，令人身心舒畅的音乐，空气中弥漫着的清新香气，以及接待人员令人宾至如归的礼貌接待，都会影响我们看楼的心情，进而影响我们的决策。

　　想要影响其他人，首先需要了解自己并做自己感受的主人，还要有设身处地的同理心：这样的话自己听到会舒服吗？这样的场景自己会喜欢吗？这样的食物自己喜欢吃吗……只有具备这样的能力，才有可能通过自己的言行举止影响到他人。

　　影响力无处不在，有人会通过演讲、制造舆论等去影响投票结果；有人会通过重复播放一首朗朗上口的广告歌曲，让人们对某个产品有一种根深蒂固的印象，从而影响他们的消费行为。

　　要做到站在他人立场上想问题，除了从自身的感受出发，还要学会收集他们的情绪信息和情绪反馈，多听别人的意见，多了解别人的真实感受，时刻观察别人的反应。因为现实生活中，我们都戴着各种各样的社交面具，很多人不会给予自己真实的情绪反馈。比如逛商场，有人对有些柜台熟视无睹，而对另外的柜台却很有消费冲动，如果懂得收集客户反馈，商场管理人员就会知道影响消费者购买欲望的原因何在，从而做出有效的调整。

　　当我们想要影响一个人，就要去了解这个人的方方面面，比如他的品位、喜好、特征等，了解这些有助于我们因人而异地营造出他喜欢的环境，通过视觉、听觉、味觉、嗅觉和触觉全方位地对一个人产生影响。

　　所有成功背后，都有其原因。有些人靠的是运气，但这只是小概率和偶发现象，如果一个人想维持持久的成功，那就要有做事情的逻辑，不论是路边摊老板，或是资产雄厚的大企业家，都可通过对环境的改造去影响不同的人。

　　极具影响力的人大都非常注意为人处世的细节，运用观察和逻辑分析去找到原因，然后根据不同的人、不同的场景对环境做出调整，从而引导别人的感受和行为。

八 坚持行动力

践行创造未来，行动力是迈向成功最直接也最关键的一步。如果一个人懂得很多的道理和知识但没有行动，就像一名患者拿着医生开的药方却不去拿药，或者拿了药不煮，煮了以后不喝，或者喝了又不坚持一样，都将是徒劳。

我们要成长，学是基础储备，做才是关键，动起来才能有实质性的效果。

行动力没有过多的理论和逻辑，但它却不可或缺。所以不要问什么是行动力，行动力就是去做。用学到的知识去践行自己的理想和愿望。很多人在脑海中想了许多但贫于践行，最后因自己没什么成长或者改变而去怀疑学习的价值；也永远不要拿没有践行的部分来评判自己，学无涯而行无界，任何一个人不可能把全部所学都付诸行动，但我们要尽可能地把能做到的部分坚持下去。

道理或许大家都明白，但具体要怎么做是另一回事。

外部信息经感官由脑入内产生情绪，情绪沉淀形成感觉，而感觉上浮表现为感受，感受牵动念头，念头影响我们做出不同的行为，由此世界才会因为每个人千姿百态的人生而丰富多彩。

思想、感受和行为创造了我们的生活，我们的内在世界决定了外在世界，所以，"我"才是一切的中心。

一个人想要保持良好的状态，活出精彩的人生，就要以自我为中心，在生活中修行，去付出努力和做出改变。只有先成为更好的自己，才能赢得更广阔的外在世界。

人们常用"修行"来形容一个人改变自我的努力和方法，修，简单来说可以理解为修正，去修正自己不合时宜的部分；行，则是践行，为正向的能量、愿望、期待付诸实际行动。

我们从学校、课堂、书本里习得理论知识，在生活、工作、与人交往中将之践行，这种转化需要我们有清晰的认知和规划：哪些部分是需要张扬并一点点践行的？哪些部分是需要去调整甚至修正的？

　　这样清晰的认知不仅有利于我们的修正和践行，更是我们自我检验的尺度和标准，这样我们才不至于对自己过于苛责或是一蹶不振，定期检验自己的修行成果，反省自己的状态，才能持之以恒。

　　任何看得见的改进都离不开坚持与积累，目标放远而关注脚下，路虽远，但行则将至。

　　积累是一个机械且容易有疲累感的过程，而它的动力，我认为在于对结果的笃定。一点一滴不断地重复，铁杵成针，滴水穿石，向着更好的自己去努力，不辜负自己为成长付出的精力和时间，不忘记当初渴望改变的那份初心和愿景，以自己为中心，像涟漪一样扩散开来，才能向外展现更美的自己，向内完成自我的实现。

第 二 篇

Chapter 02

人生的全面蜕变——心灵篇

成为自己的人生导师

心承载着我们的感受、情绪，是一个人感性的部分。从我们出生开始，从外界接收的信息到形成心不同的感受，这个情感累积的过程几乎没有停止过。

也是在这样的日积月累中，我们形成独立的自我认知和性格，面对不同的人、事、物，我们会有不同的感受，看到同一个人，有人会想靠近，有人会想远离；在同一个空间，有人喜欢独处，有人喜欢热闹。

喜怒哀乐，心给予我们充分的情感体验，如果不懂得心的运作原理，那么我们就很难了解自己，也很难收获真正的成长。

● 幸福一直在心中

婴儿出生时犹如白纸一张，心脑澄净，一颗先天之心无是非对错的价值判定，呈现出六感俱足的状态。六感即安全感、自主感、真实感、满足感、愉悦感、宁静感。

一个六感俱足的人就像一道光，孩童时期的心非常干净、温暖与美好，六感俱足的天然幸福感是与生俱来的。

随着婴儿的成长，他开始有了喜好、思维，开始用自己眼、耳、鼻、舌、身与外部世界产生关联，有了独立思维和价值观，多年来父母以及外在的环境都对他产生或多或少的影响，父母的言行举止他会看在眼里、记在脑里，并对这些信息不断筛选后累积，十年、二十年、三十年，直到成为影响他的性格、习惯、信念的力量，这时候的人就像一台已经安装了各种各样App（应用程序）的手机，无时无刻不在被这些App牵扯，即电脑在运行，而真正操控电脑的是里面的应用程序。

累积于内心的信息像是手机里的各种App，信息一旦累积，就像App一样自动运行。所以，在成长过程中一个人接收的是哪方面的信息，很大程度上决定了他的人生选择与走向。

如果手机里安装的App是有益的，它们会帮助我们成长。人也一样，如果在六感俱足的时候接收到的信息是正向积极的，拥有一个幸福快乐的童年，那长大之后的他，大概率会有一个阳光乐观的心态、积极健康的性格。人生本就充满了各种挫败与失落，但这样的积极性格会让一个人有正向、积极的心态和勇气去面对各种变化。而如果一个人的童年是不快乐的，反向推理同样成立，这种负面情绪的累积渐渐就会掩盖了六感俱足的光彩，人意识到的更多是人生的黯淡。

每个人都希望活在理想的六感俱足的状态，但六感却在我们成长的过程中逐渐被各种事情掩盖，我们不再像孩子那般自由、愉悦、容易满足、具有安全感和宁静感，这时候大脑就会告诉自己："去找吧，我没有了六感，快去找吧。"

于是人们开始寻找，通过拼命的工作，赚取更多的财富，获取更大的物质满足，把希望寄托在伴侣及孩子的身上，期待他们能给予自己六感。我们用所有能想到的方法去努力寻找，而且告诉自己，没有得到满足就是因为自己做得不够，但人们常常发现，哪怕这些都实现了，自己依然不会快乐。这种方法对吗？是自己做得不够吗？

拥有了所有东西，实现了所有愿景，内心依然不能安静，还是没有回到六感俱足的状态，为什么？答案只能是：外在这些因素其实并不是我们真正想要的。

为什么？因为方向错了。我们一直努力以新的外在事物来重新回归六感，但六感一直都在内在，不需要我们向外寻找，而是向内找回。

我曾经听过一个很有寓意的故事：一个老婆婆在家里补衣服，补着补着针掉了，天黑了，她眼神也不太好，在房间里找了一会儿没找到针，她便跑出去外面找，村里的人看到了，纷纷过来帮她找，找了很久都找不到，后来有一个人问："你的针究竟在哪里不见的？"老婆婆说："在我的房间啊。"人们问："你在房间不见的针，怎么在外面找？"老婆婆说："里面太暗了，找不到，外面有光线。"

故事浅显甚至有些可笑，但它却一针见血地戳在了大多数人的问题之上。六感在内，我们却向外寻求，再多的努力与尝试，得到的都不会是我们想要的，外在的东西看得见，而内在的感觉是虚无缥缈的，所以人们会倾向于向外找。

但六感其实一直都在我们的内在，只是因为外在日积月累的影响而暂时不见了，就像灯光被布罩住了，布并没有拿走灯光，只是把光遮蔽了，我们要做的，只是让内心的那盏灯重新变得光亮，重新回归六感的状态。

但是很少人看得到这盏灯，大多数人把90%的精力投注于外部世界和各种理由之上：我要照顾家庭，我要有所成就，我要证明自己的能力……方向错了，行百步而犹如原地踏步，甚至倒退，更何谈寻找。

寻找六感，要回到内在！

要找回六感，首先得清晰最重要的一点：脑和心各有其不同的分工。脑是拿来创造的，创造财富、事业、更好的生存环境、更多的自我价值；而心是用来感受的，体验情感的流动、体验爱和一切事物的美好、体验回归自我的澄净安宁，当然也会有不好的体验，一切境，皆由心转。

脑向外，所以我们利用它去创造更高层次的生活水平；心在内，我们要通过它去重新感知爱和六感。

睁开眼睛用脑创造外部世界，闭上眼睛回归内心六感。内在世界的和谐不可能在外在世界找到，因为它并不在那里，在物质世界不可能得到精神世界需要的东西。

当一个人清晰了解到了这个真相，就会对自己的内外部世界有不一样的期待，从而为正向、积极的情绪创造出一个可能的空间。当有一天内心突然浮起一些情绪，便不会将这种情绪转嫁于伴侣或是其他人身上，而是向内寻求原因与答案。如果一个人工作到超乎常人理解的疲于奔命的状态，渴望用这种忙碌来满足内心的慌乱，心只会更累，应转而向内，找到那盏被焦虑、恐惧等灰尘掩盖住光芒的灯，擦拭干净，让灯重新照亮内心。

不要期待从外在获得六感，如果感觉到焦虑、忐忑，回到内心观照，去把压在内心的"石头"搬走。

回归内在并不意味着外部环境不重要，六感不存在于外部，但也要确保外部不干扰向内的寻找。如果没有良好的父母、亲子、亲密、人际等关系，也会牵制着我们向内探寻，从而给了我们向外归因的借口："都是因为××我才不快乐的。"这句话只有一部分是正确的，确实有外在的原因让你不快乐，但这句话的指向是让外在把快乐还给你，但外在的人事物并没有拿走你的六感，它只是破坏了你的六感，外部的事情不是根本原因，内在才是其本质与核心，舍本逐末，一味放大外部条件的影响，反而会增加内心的阴霾厚度，让我们更难以看清自我。

在安全感课堂上，我教大家获得安全感的方式是找稳定持有物。它可以是一个公仔、一个挂件或者一些装饰品，当拿着这些东西时暗示自己去感知安全感和稳定感，但要清楚，让自己有安全感的并不是这些稳定持有物本身，而是当拿着稳定持有物时，意识回来了，注意力在线了。这个道理与我们做身体按摩有相似之处，技师让你放松的不仅仅是身体，通过按摩，人的注意力回归，六感也就跟着回归了。

当一个人的注意力高度集中时，六感就回来了，外部所有条件的最大作用就是让人回归意识，让人保持注意力在线。

我们做很多事情的目的，最终也都是为了让注意力回归到最初六感俱足的状态，我们的六感从来没有失去过，那道光一直都在，只是光的外围多了一堆垃圾。我们要学会向外创造，向内清理，在外在世界创造自己想要的生活，在内在世界回归到最初六感俱足的状态。

三　心也需要新陈代谢

生活中难免有一些不好的情绪，日复一日地沉积于内心，虽然从外在看不出有什么问题，但这些情绪垃圾却会影响到我们生活和工作的方方面面，那么，对于这些沉积于内在的情绪垃圾，我们该怎么处理呢？

身体具有自我消化和疗愈的功能，吃、喝、呼吸、存储、消化、代谢、更新，一边吸收存储对身体有益的成分，一边代谢过量、不好的成分，比如汗、头皮、油脂、眼泪、痰、鼻涕、痘痘、湿疹、斑、死皮……

一般情况下，身体代谢过程是自然而然的，我们基本不会做过多的事情对其进行干预，大部分时间身体都能正常地维持这种功能。

在身体的层面，吸收营养、排泄冗余，就是体内垃圾见光死的过程，这一过程是相对顺利的，除非有外部因素干扰。譬如小朋友发烧，有时就是一种体内毒素的见光死，不明就里的大人认为是病不能拖，运用医学手段"帮"他退烧了，却也把这种见光死给中断了，久而久之毒素累积就有可能发展为湿疹或过敏，大人又用各种药物对毒素排泄进行干扰，慢慢可能会拖延成慢性疾病。

一般情况下，身体的新陈代谢是比较顺畅的，没有人会不舍得自己的鼻涕或者汗水……这是一个舒畅的过程，我们也不会抗拒。

身体看得见的垃圾需要见光死，我们对于这种见光死也乐见其成，然而，对于大量存在于体内却看不见的心理"垃圾"，我们怎么去感知并进行代谢呢？

上文提到，每个人刚来到这个世界的时候都是六感俱足的状态，简单、通透、喜悦、柔软……婴儿不需要任何的疗愈，内在是干净的，也不会有情绪垃圾的累积，而随着其长大，意识形成，通过不断地接收外界的大量信息，身、心、脑开始产生、积累情绪垃圾：愤怒、悲伤、恐惧、焦虑、抱怨、抑郁、懊悔、内疚、自卑、骄傲、绝望、害羞、纠结、失落……

比起体内可感知到的垃圾，心理累积的垃圾更多，身体方面最多是代谢不畅所导致的便秘，但心理上的"便秘"，有可能持续几天、几个月、几年甚至几十年，更大的问题还在于，我们基本不愿意正视心理上的垃圾，当各种各样的负面情绪泛起，我们要么假装视而不见，要不就对自己充满了评判："怎么又焦虑了！"因此情绪很难得到正向的疏导。

这些不被正视、疏导的情绪垃圾最终会导致什么样的结果呢？情绪的上浮需要从心到脑，一旦它的表达被压制，那就只能倒流回到内在。

　　不被表达的情绪，就是这样在脑和心之间来来回回，形成一个"∞"，这个"∞"回旋就形成了我们的后天之心。

　　内心情绪垃圾的"排泄"没有办法像身体那么顺畅，因为身体的运作有其天然的自发性，但内心情绪垃圾的宣泄并没有这种功能，而且还会受到外部环境、脑的念头的影响。

　　很多情况下，我们会认为事情过去了，情绪也会逐渐地随之消失，但真实情况并非如此。内心情绪的压抑极具"欺骗性"，没有得到适当宣泄的它们会选择"潜伏"，可能两天、两年，甚至更久，长期封锁在内心，并在心脑之间不断地"∞"字回旋。

　　人的疲累感，除了体能消耗外，有相当一部分源于杂念和情绪多，而且这些杂念和情绪几乎都是旧的，是长久积累下来的。

> **情绪的见光死是一个不带评判的过程，"我看见了这个情绪，自由流动就好"。但脑不是，脑会评判内在生起的情绪是好的还是不好的，一旦脑开始评判，负面情绪就一定会被压抑回去。**

　　脑会对所有的情绪有一个评判，而这种评判会让人产生新的情绪。譬如，有个人喜欢抽烟，他知道抽烟不好并很想戒掉，那么他会在每一次抽烟的时候产生不好的情绪，告诉自己要戒烟了，却怎么戒都戒不了，因此他不仅会评判抽烟的行为，也会评判戒不了烟的自己，不断评判，最终形成一个闭环。

压抑内在情绪的过程就好比打地鼠游戏，地鼠不停地冒出，我们不停地用锤子把它打回去，挥动锤子的是我们的头脑，锤子就是我们对情绪的评判，那些不停想冒出来的地鼠就是被我们内心压抑多年的情绪。

内心情绪的见光死过程大多不太顺畅，否则我们早就能做到身心通透了。

真正的改变源于看见和接纳，如果内心生起一股不好的情绪，看见它、正视它，它就能顺利地见光死，如果没有被看见和接纳，它就会经由脑被压回内心："不行，又有情绪！"就这样往来反复。

然而，负面情绪得到宣泄的唯一方法就是见光死，这也是我们要正视它们的原因所在："哦，我很生气，生气也是可以的，没关系的。"看到它，给其以适当的方法表达，它才会真的消失。

真正的看见是不会带有评判的，就像身体排毒的过程，我们不会对这个过程贴任何负面的标签。但心在排毒时，我们却带着评判。

因此，想要消除内心所压抑的情绪，先是要让其被看到，必要的时候我们还要用一些方法去加速它被看到、宣泄的过程，比如通过画画、舞蹈、运动、写日记、唱歌等方法，在一个安全的场域，让情绪得到彻底的流通。

我们说"借酒消愁"，原因在于酒精具有麻痹性，当大脑麻痹时就失去了其"挥动锤子"的能力，在酒精的作用下，人们不会对情绪再带有评判，内在情绪的显现也会变得顺利。然而在酒精帮助下，情绪的流动是一个无意识的行为，所以通过喝酒让情绪见光死并不是一个值得推荐的方法。

要做到对情绪有不带好坏喜恶评判的觉知，就要学会不做判断，因为有了判断才会把自以为负面的部分"打"回内心。如果没有觉知，大脑就会习惯性启动评判机制，疗愈也不会产生积极的作用。

> 只有无选择的觉知和无评判的觉察，才能算得上正视内心积累的情绪，当它泛起时才有可能得到真正的"见光死"，就像太阳透过云层，消融积雪。

内在情绪的宣泄是实现自我改变链条上重要的一环，我们在之前无意识的状态下，长期受这些积攒的压抑情绪的影响，但当我们对之有了本质的理解后，就要及时做出调整。如果发现自己有负面情绪，不要逃避，反而像中了奖一样的心态去面对它，因为憋了多年的"垃圾"终于出来了，去找一个合适的时间、空间释放它。独处时，或面对自己信赖的人、能够理解你包容你负面情绪的人等都是比较安全的场域，学会让内心的情绪通畅地流动，才能让身心真正通透而轻盈。

我们常常会觉得有些情绪来得莫名其妙：明明起床后什么也没发生，但陡然生起悲伤、无助、愤怒……却又是那么强烈，这个时候我们大多会下意识地打压负面情绪，进行自我评判："为什么又这样，快点调整！"

而当我们认识到了负面情绪宣泄的必要性时，就要以实际行动来践行自己的这种认知，重新看待情绪，在安全的空间、合适的时间允许它进行宣泄与表达。社会属性驱使我们在与人交往时戴着面具，情绪也会有所积压，但要学会给自己的情绪找到出口并释放，才不至于积重难返。

负面情绪常常在不经意间冒出来，独处时、开车时、洗澡时、走在路上时都有可能浮现，但它的出现并不可怕："终于出来了，我狰狞的一面，那个愤怒的老虎或是悲伤的可怜虫，终于出来了。"直面它，从当下开始。

1. 种红豆和清黑豆

外部信息经感官由脑入心，并呈现为念头、感受和感觉，从而对我们的行为做出影响，而我们的行为，又创造了每个人与这个社会相处的外部环境。

我们与环境的交互每时每刻都在进行，环境向我们输入的信息是多种多样的，有正向也有负向，有我们想要得到的，也有我们不愿接受的。头脑对不同信息也会有不同的反应，对于正向、有益的信息我们欣然接受并将之反映在我们的言行举止上，这部分信息进入内心，就像一颗颗红豆种子在内心生根发芽。而负面信息的输入，则会产生相应的负能量念头和感受，就像一颗颗种进内心的黑豆，同样也在生根发芽。

　　如果我们想要做好情绪管理，每天都要检查内心红豆和黑豆的数量和状态，因为它们都会成为我们与外部世界交互过程中的隐形"指挥官"。

　　通常情况下，正向信息的输入和输出路径是比较通畅的。比如一位员工得到了上司的赏识得以升职加薪，这件事情就像一颗红豆种进了他的脑和心，他为此感到非常开心，为全公司同事买了丰富的下午茶来分享这份喜悦，同事们也因此对他更加认可。正向的红豆从外到内，再由内心反映到外部，这一过程非常顺畅。

　　如果正向的信息不断进入，我们就要学会将其收藏，让它生根发芽，滋养内心，而对于不好的部分，我们要采取行动，让坏情绪及时见光死。

　　美好的体验积累发酵后更能滋养我们的内心。如果一个人到了一个心向往之的地方旅游，回来就写下一篇游记直抒胸臆，或刚吃过一顿特别美味的料理后，就写出一篇文章来形容这种享受，可能文章写完，这些体验的美好也所剩无几了。

　　中国有句老话叫"积阴德"，是说人做了好事不张扬，这份德行便会向内滋养人的内心。我们从外部获取到的正向信息要收藏起来，也是同样的道理。比如做慈善，当一个人不求回报地帮助了一些贫困的人，赠人玫瑰手有余香，这种能够帮助别人的美好感觉会长久地在他心中；但如果抱着有所求的心态去帮助别人，最后得不到预期的回馈，那么失望、抱怨、不满等负面情绪将会取代帮助别人的那份美好。

　　试想，如果一个人帮助他人的行为被实时跟拍，那么这件事情是不是就失去了它原有的味道，变得如作秀一般。

　　《道德经》中说："被褐怀玉"，素服之下怀揣美玉更能彰显一个人的品行。这句话同样适用于我们从外部获取到的具有正向价值的红豆，任何张扬的行为都会消磨掉红豆对内心的滋养。

　　而对于那些带有负导向的信息黑豆我们该如何做呢？通常情况下，黑豆的输入和输出路径是不顺畅的。我们对具有负导向的信息往往不会做出即时或真实的反应。比如在你上班的时候接到了妈妈打来的电话，电话中她对你有很多的埋怨和指责，这堆埋怨和指责就像一颗颗黑豆扔进你的心里，如鲠在喉却无法对着妈妈宣泄；再比如领导不认可你的方案，对你的各项工作进行各种批判，你大概率会选择默默接收，但领导的每一句话，都像黑豆种在了你的内心。

有时候从外界获取的信息未必是负向的，但是我们也会因为没有仔细分辨而"脑残"自己，这无疑是在内心多种了一些黑豆。比如伴侣突然说会晚点回家，可能他只是因为工作繁忙，但自己却会过度解读，不断想他晚回家的原因，在内心形成一个个黑豆，负能量爆满，等到伴侣回到时，可能免不了一顿争吵。

面对突然涌现的黑豆信息，很多时候我们根本无暇思考和分辨，只能任由它们在内心不断积攒。当坏情绪上浮，头脑的第一反应就是"不要出来"，就像打地鼠一样，脑会不假思索地把它们打回去，这样的行为我们几乎每天都在做：在客户面前不能表现压力；在父母面前不敢表达真实的情绪；在孩子面前不能悲伤……我们每天都在压抑自己，但黑豆信息出不来就会累积，终有一个时间会爆发。

因此，学会正视负面情绪的黑豆非常重要，在适宜的场景下让它们尽情宣泄，比如在独处时或者在信任的人面前，让黑豆尽情地表达，让内在的那些脆弱、痛苦、忧伤等情绪被看见、被释放……

任何的逃避都于事无补，而每一次宣泄的泪水、倾诉才是对待负面情绪的正确态度，不断地清理内在的"黑豆"，能让我们越来越通透、轻盈。

下一次负面情绪涌上来的时候，试着放下脑中出现的要把它们打回去的"锤子"，直面它们，给它们见光死的机会，如此反复有意识地练习，内在那些负面的情绪才能慢慢得到有效的清理。

面对每天铺天盖地而来的外部信息，首先是要对其保持觉知，通过眼、耳、鼻、舌、身对信息进行甄别、筛选。

其次要时刻提醒自己有意识地在内心多种下具有正面导向的红豆，清除黑豆，给红豆留出更多更大的生根发芽空间，这样我们的心才不会被黑豆所包围，生活才会越来越自如，越来越幸福。

2．洁身自好

"洁身"，即清洁身心，让内心所有的情绪垃圾见光死，把身心的垃圾清理干净；"自好"，就是要对自己有正向的认知，心存正念，相信自己可以做好、更好。"洁身自好"是一个向外清理和对内自我肯定的程序。

第一步要做的是洁身。要意识到内心负面情绪的表达需求，直面它们，让它们见光死从而得到释放，而不是有意识地对其压制，让其累积为负能量。

当负面情绪上浮时，我们可以通过画画、舞蹈、运动、写日记、唱歌、聊天等各种各样的方式，让其得到释放。

面对所有的情绪，不做预设是非标准的评判，而各种上浮的情绪就像天空的云朵，乌云或者白云，都让它浮现、得到释放，真我就像天空，云朵消散，本色自然显现。

一旦情绪浮现，便以这样的方法坚持、重复，长久下来，身、心、脑累积的负面信息就会越来越少，人的状态会越来越轻盈，对自我情绪的掌控力也会越来越好，不会再被下意识的感觉牵着走。

第二步要做的是自好。一直以来所接受的教育和文化传统大都要求我们要谦虚自省，平时大多数人也羞于在他人面前肯定自我，做得更多的是自查自省。但人是需要肯定的，每天对自己说一些肯定的话语，将会对自己的状态产生意想不到的积极影响。

存乎中，形于外，在头脑和内心进行自我肯定，内心会形成正向、积极的能量，外化为指导人们行动的力量，内外合一，才能在一步步地践行之中实现自己的梦想和愿景。

〓 表里如一或表里不一

从出生开始，我们都生活于两个世界：外部世界和内心世界，两者之间有时是一致的，有时又是不协调的，也就是我们平常所说的"表里如一"和

"表里不一"。

> 什么是表？表即看得见的部分，就是一个人展现于外部的状态，如动作、语言、表情等；什么叫里？里是指内心不为外界所见的部分，一个人的感觉、感受、念头等都属于这一范畴。当一个人表里如一时，言行举止即是其真实内在状态的展示；而当其表里不一时，外在表现只是他用来隐藏内心的假象。

在社交活动甚至是与人的各种关系之中，大部分时间我们都会戴上社交面具，不能、不想或是不敢展现真实的内心情感。比如一个人参加朋友的婚礼，但在这之前发生了一些不开心的事情，他的内心明明很难受，身处婚礼之中的他还是会努力让自己看起来是开心的。

再比如一个人明明很害怕当着众人演讲，但出于工作需要，他必须强装镇定地对众人宣讲自己的方案；面对威严的领导，虽然内心害怕到身体发抖，也必须把这种害怕压制下去，硬着头皮向领导汇报工作。

一个人表里如一还是表里不一，敏感的人是能感受得到的，如果一个演员在表演时表里不一，不能代入角色，他的表演就没有感染力，真正能打动人的表演，是演员与角色合二为一，只有演员先与角色有共鸣，呈现的表演才能感染到观众。

一个即将上台演讲的人，如果事先有充足的准备，对所讲演的内容烂熟于心，那他的演讲品质就是有保证的；但若是他根本没有准备或是准备得不好，即便滔滔不绝也言之无物。

汶川大地震时，我们通过电视看到现场记者对在震中失去家人的小女孩的采访，她一边讲一边流泪，那份强烈的悲伤我们隔着屏幕都能感受得到，真情实感往往比任何华丽的辞藻更富影响力与感染力。

所以，有时哪怕别人在我们面前表现得很谦卑，却仍不能感受到他的诚意；有人看起来很开心，我们却能看到他笑容背后的落寞。

注意力在线说的也是这个道理，能做自己内在外在的主人，才能有得体的社交表现，需要表里如一时就表里如一，需要表里不一时就表里不一。

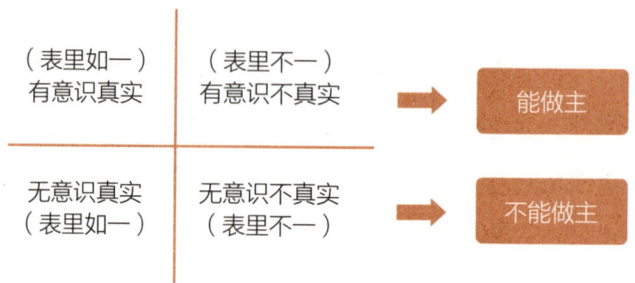

表里如一还是表里不一，要根据不同的对象、时间、空间或者场景进行切换、调整。但前提是注意力要在线，我们才能根据不同的时间和空间，有意识地去选择并做出适当的反应。

当我们内在的情绪黑豆在涌动时，如果刚好处于一个安全的空间，就可以选择让情绪真实地表达，让负面能量得到释放。但如果我们在婚宴或是其他场合，出于社交礼仪就要选择对其进行掩饰，从而让自己的言行表现得体。

饭局之上，面对香味扑鼻的饭菜，哪怕我们早已经饥肠辘辘，恨不得立刻饱餐一顿，但我们也不能无视餐桌礼仪，于是选择压抑了自己的真实感受，先给宾客、长辈、孩子夹菜，这虽然违背了我们的本能需求却是必要的，因为它代表的，是一个人的修养。

当一位医生站在手术台上，就要尽医者之责，哪怕正在经历家中长辈去世的伤痛，他也要把那份悲伤掩藏，用理性的判断和精湛的医术做出冷静专业的表现，这份不真实代表的是专业性。

我们时刻都要保持着这份清醒：根据外在的人、事、物或情景去决定情绪的表露，而不是任由感觉上浮，跟着感觉走丢。

但如果注意力不在线，这一切都将只是空谈，情绪容易肆意外泄，不受控制。一个人在别人婚礼上哭泣就是一种无意识的真实，因为注意力不在线，他的情绪不再受到约束和控制，所以才会失控，做出不合时宜的行为，不仅影响到别人，也影响自己。

而在与外部世界互动时戴上社交面具则是不真实，这些面具有时是必要的，可能是一种防御，也可能是一种虚伪。

比如一个人在小的时候受到了很大的伤害，在他没有能力面对这一伤害前选择掩饰，这种无意识的不真实其实是一种自我保护，很有可能也是一种比较好的自救方式。但有些面具戴久了，人就很难再轻易敞开心扉，如果不分场合地以社交面具的性格示人，就会给人以不真诚的感觉。

我觉得真实或不真实本身并没有绝对的对错，关键在于我们能否有意识地进行切换，在适当的场合做出不同的反应，有时候哪怕不真实，于人于己也是有益的。

我们每天都需要在真实与不真实中切换，注意力在线会让我们的这种切换得体、持续，更能让我们保持冷静的判断，尤其是在心脑不一之时，注意力在线是我们做好这种切换的前提和保障。

注意力是心脑的指挥官，心脑决定我们的言行，想在社交活动中有得体的表现，我们就要有做心脑的主人的能力。

四 爱的顺流逆流

生命就像一个河流，不断地繁衍和传承，我们的祖祖辈辈留给我们的，不仅仅是生命和身体，还包括人类在漫长的历史演变过程中，积累下来的活动方式、思维模式，以及每个家族不同的遗传痕迹。

比如远古时代人们对黑暗感到恐惧，到了灯火通明的现代，人们面对黑暗依然会感觉害怕；比如饥荒时期的物资匮乏，让部分不愁温饱的现代人，对食物的欲望依然像空洞一样难以填满……

这些就好像DNA一样，是可以通过遗传得来的，也就是说在我们的身体、细胞、意识里，都携带着很多家族的印记，这些是从父母那里传承的，而父母身上的很多信息是从他们的父母那里承接下来的，每一代人都会携带上一代人的信息，可能在胚胎时期，就已经存在。

当我们出生、长大，直到慢慢地走过一生，这些家族信息，在不同的成长环境、不同家庭的教育方式下，都会对我们的人生造成不同的影响，我把这些影响分为两种情况。

第一种情况是顺流，在生命的长河中，如果从小到大，父母给了我们足够的爱、陪伴、关注和自由，那么我们就可以顺流，不会被不属于自己的信息干扰，不用去模仿父母身上的思维模式，也不会去承接父母的那些期待和压力，可以转身，活出自己独一无二的部分，去过自己的人生。

第二种情况是逆流，如果我们小时候一直没能得到足够的爱、陪伴和关注，我们就会转身去逆流，去看到家族中海量的信息，我们会在里面抓取和父母产生共鸣的部分，通过模仿父母，去找到爱和归属，去承接他们身上的期待和压力，然后把一些旧有的生活和思维模式在自己的生命中演绎出来。

人一旦逆流，就会发现生命里有着处理不完的人生议题，因为我们携带的可能不只是父母的信息，还有祖祖辈辈的，在生命河流中不断流传下来的信息。这非常奇妙，我们的信息库就像内存，我们的内存比父辈的更大，因为信息是叠加的、海量的，而我们通常会从中抓取更多悲剧性的共鸣。

举个例子，假如一个男性从小生活在一个家庭氛围并不和谐的环境中，记忆中爸爸吃喝嫖赌，给予他的陪伴少之又少，妈妈又是一位非常容易紧张和焦虑的人，对生活总是充满了抱怨，与爸爸的关系自然也不会很融洽。从他懂事开始，就一直生活在这种紧张的氛围之中，久而久之便会形成"妈妈很苦，爸爸很不负责任"的想法，表现为对父亲的抵抗和厌恶，父子关系非常恶劣。

当他长大、结婚乃至为人父母后，这种影响并没有消弭，反而随着自己儿子的逐渐长大，他慢慢发现：自己越来越像那个记忆中不负责任的爸爸，这种联系越挣扎反而越紧。

他渐渐发现，自己总在有意无意地制造和孩子分离的机会，常年出差、应酬，抗拒与孩子相处。孩子十几岁被诊断为抑郁症，他恨自己，就像自己小时候恨父亲一样，亲子之间陷入一种恶性循环。

虽然他并不希望自己的孩子像他小时候一样过得不开心，却与自己和父亲的关系惊人地相似，甚至更糟。

我们对待自己孩子的方式往往就是我们小时候被对待的方式，因为在逆流的情况下，我们慢慢活成了自己讨厌的样子。

什么情况下人生容易陷入逆流之中？

子女之中承载最多家族信息的往往是最听话的那一个，越听话就越会受影响。人是群居动物，每个人都希望在集体中得到温暖、爱、安全感和归属感。我们夸他最懂事，殊不知，这样的承载也让他没有了自我。

"懂事"的孩子听父母的话，做父母喜欢的事情，渴望借此来获得他们的认同，获得归属感。

有些孩子在父母那里得不到肯定和接纳，还会跨代去祖辈那里寻找，因此在他们身上，不仅有父母的影子，还会有爷爷或奶奶的痕迹。

那么我们要如何做才能规避陷入逆流之中呢？

作为父母，如果想要孩子拥有独立的生活和自由的人格，首先需要做的是把自己经营好、把亲密关系经营好，给孩子一个充满爱、关怀以及鼓励的自由成长空间，引导、允许、鼓励孩子的自我表达，在生活小细节中言传身教地影响孩子，培养他健全的人格，让孩子觉得，他首先是一个自由的个体，然后才是父母的孩子以及与其他人产生各种各样的关系，在这样的成长环境中孩子才不至于丢失自我。

如果父母过得不幸福，幼小的孩子尚未形成独立的人格和思维能力，为了获取爱与关注以及归属感，他就会想方设法"讨好"父母，通过做父母喜欢的事情、听父母的话来让他们开心。但这种方法拯救不了父母，反而会把父母负面的信息、压力加诸自己身上，越长大越沉重，越像父母。

而作为孩子，如果不想承载太多家族遗传和家庭期待，你可以自我一些、个性化一点。你还是可以为父母做很多事情，但你不要一味去满足他们的期待，转接他们的压力。你尽子女的责任去照顾他们，但不要想着为他们的人生负责，更不要期待他们为自己的人生负责。

不承载别人哪怕是父母的期待，活出自己，表面上看起来有点冰冷自私，但你会拥有一个自由的人生，而这种自由会给你更为广阔的天空，反过来也会令父母感到欣慰。

很多父母都希望自己的孩子听话，其实我不提倡孩子太听话，因为听话的孩子通常会压抑自我，长期之下就会丧失独立的人格。

越自我的孩子越自由，人生越宽广；越听话的孩子越狭窄，人生一眼望到头，因为他们在重复父母的人生。

无条件的爱、支持和陪伴会让孩子的人生处于顺流之中，独立健全的人格会让他们在成年之后根据自己的天赋和能力，去做想做的事情。当人生到达某一个阶段，他就有能力去思考自己的人生，追求更深层次的意义和价值。

有人会说，成人有诸多顾虑而无法做到完全自我，那要如何延续顺流的人生，如何协调自己与周边、与父母的关系呢？

一个最简单的方法，就是爱自己。

1. 爱自己才会顺流

我们总说要爱自己，但对爱自己却没有一个清晰的概念，为什么要爱自己？怎样做才是爱自己？不能弄清楚这些问题，爱自己只会是一个口号。

在很多的疗愈方法中，爱自己都是一个最重要的环节，不管我们做出过多少努力，如果不懂得爱自己，一切的成效都会大打折扣。

爱自己首先是要在外部层面上把它变成一件非常具体的事情，要实在、具体，具体到一个假期、一顿美食、一件新衣、一瓶香水、一段时间的休息、一场高品质的音乐会……

我们还可以为自己列"成就清单"，总结过去自己所取得的成就：比如"我组建了家庭""我工作有所提高""我得到了很大的成长"……像老师奖励学生一样，为自己塑造一个充满善意、积极向上的能量场。

爱自己要落实在生活细节中，时时关照自己、鼓励自己，把自己视为生命中最重要的部分。

很多人在盘根错节的人际关系中，形成了照顾别人、以他人为先为重的习惯，而忽略了那个一直以来都在付出的自己，尤其是为人父母后，孩子几乎成了生活的全部，还要打理家庭、工作等，根本无暇反观自己是否真的快乐。其实对孩子最大的爱，是先经营好自己，让自己快乐起来，孩子才能感受到父母发自内心的爱。

道理其实很简单，如果自己状态不好，在疲惫或情绪不佳的情况下去照顾他人，不仅消耗了自己，别人也会因为愧疚或是不满而感到不舒服，没有任何一个人会心安理得地享受另外一个打着点滴的人对自己的照顾。

有些父母自己的状态不好，就把这份不满与压力转移到对孩子的要求之上，如果孩子不能达到自己的预期就会有诸多抱怨："妈妈这么累都是为了你""为了你，我都没能好好休息……"孩子会感觉父母的爱像是一份还不起的礼物，感受到的不是照顾，而是愧疚。

消耗自己的给予，对自己、对他人都是残忍的，爱永远都是由己及人，就像水波涟漪，是从中心扩散至四周的。

所以，当状态不好时不要勉强自己，先把自己照顾好，去休息、去娱乐、去放松，等充够了电再回来照顾别人，先滋养自己再滋养别人，这才是正确的表达爱的方式。

爱自己既需要爱自己的身体发肤，也需要观照自己的内心、灵魂，既要用具体实在的行为爱自己，也要让自己的灵魂得以滋养。灵魂和体魄一样重要，只有在两者都健全、健康的前提下，我们才能给人以正向、积极的观感，才能更好地实现自我。

很多人对自己不够宽容，明明已经用尽了时间和精力，很努力去做一个懂事的孩子、全能的家长、尽职尽责的员工、体贴入微的朋友……一旦有不好的事情，还是会先把责任指向自己。但对自己过分苛责是对真实情感的压抑，终有一天会爆发。

宽容他人更要宽容自己，允许自己的不优秀、接纳自己的小缺点、原谅自己的不够完美、安抚那个平凡的自己，接纳不完美，才有可能成就更好的自己。

> 我们总是期待别人做些自己都做不到的事情：不爱自己却希望别人来爱我们；不宽容自己却总希望别人对我们温柔以待；不尊重自己却奢求着他人的尊重。

爱自己是基础也是前提。如果希望得到别人的尊重，就从尊重自己做起；希望别人看见自己的付出，那么自己要先认同自己的所作所为；渴望得到别人的拥抱，就先拥抱那个孤独的自己……

一辈子要做的事情很多，没有必要把时间都耗费在一些徒劳无益的事情之上，过于严苛地要求自己，只会让我们更感觉自己无能，接纳和宽恕才是前行路上最大的动力。

去接纳和爱现在的自己：以现有的条件，你已经做得很好了。这就像是对着装有半杯水的杯子，我们要多去看到有水的部分，而不是盯着没有被装满的部分一样。

尺有所短、寸有所长。爱自己要爱得理智，承认自己的不足，看到自己的长处，认识到一个人可以做到更好，但不可能生而完美。

经常像对待孩子一样鼓励、表扬自己，时刻观照自己的内心。生活首先是自己的，为自己而活，才能在熙熙攘攘的人流之中保持自我，不为各种声音轻易动摇。

当一个人生活在爱的包围之中时，他周围就会形成一个温暖阳光的磁场，从而对周边产生积极正向的影响。内心充满爱的人，看鲜花、夕阳、小鸟、星星、月亮以及身边的一切都是美好的，对生活也充满感恩之心。

爱是一种内心的感觉，但它可以体现在一个人的言谈举止、为人处世之中。所以，爱是可以引导、重塑和构建的，对他人一个友善的微笑、一句真诚的问候、一个温暖的拥抱，它就被激活了。

上文讲到，爱自己包含爱自己的身体和观照内心两个方面，也就是说，它是内外和谐统一的状态。关于如何做，有一个很实用的方法，我将之称为"爱自己的四部曲"：

第一步，找到自己的优点，或者让别人帮你发现。

比如你美丽的外表、善良的内心、温暖的性格、自信的心态、优雅的气质、做事的努力……

第二步，为每一个优点找到依据。

不管你是赞美别人还是赞美自己，都要有依据，要足够具体。比如你觉得自己今天很帅气，因为换了一套新的造型或做了一个发型；觉得自己很善良，因为你在与人交往过程中常常想人所想，急人所急；你也可以为自己的努力找到依据……爱自己的前提，是为自己值得张扬的方面找到依据，从而让自己的坚持更有力量。

第三步，为每一个优点写出赞美的词。

看到自己的优点是第一步，看到它们是为了自我肯定和继续坚持。比如你可以这样描述自己的善良："谢谢你，我看到你了，你是一个很善良的人，我很幸运能拥有这样的品质。"

第四步，对自己重复说赞美词，强化这些部分。

爱自己首先要说服自己是值得被爱的，再用具体的优点来强化这种信念。你不能很乏味空洞地跟自己说你已经足够好了，因为脑部防御机制会反弹，会告诉你还是不够好。其实有很多的事实可以证明你身上的优点，要每天在心里跟自己说一些赞美的话，用这样的方式去哄自己，去强化你的优点。

爱自己并不是说我们因此就要自得自满，而是日常生活中，我们更多会要求自我而吝于自我肯定，从小到大，我们都被有意无意地"要求"成为一个戒骄戒躁、敢于自我批判的人，家庭熏陶、学校教育、社会期待等皆如此。但自我肯定与自我审视同等重要，这才是我们要爱自己的原因所在。

2. 盲目归属会逆流

有时候我们身处逆流之中，无非也只是为了寻找一份爱和归属感。人一生中要做的事情很多，但若将之升维并加以概括，无外乎三个范畴：寻找归属；找到归属后，维系与集体之间的联系；找不到归属，孤芳自赏，缺少归属感。

哺乳动物有其生存本能：寻求安全，繁衍后代，抱团取暖，协同劳作……其中最重要的一项就是找寻归属的本能，人类是高级哺乳动物，自然也不例外。对于哺乳动物来说，失去群体意味着危险甚至死亡，而对于人类来说，每个人一生下来就需要寻找群体归属与认同，从而获得更多的安全感和自我认同感。

在很多社交场合，我们的言行举止是具有一定的欺骗性或者说隐藏性的，因为我们的涵养要求我们要举止得体。如果一群人在开怀大笑地聊天，自己就会不由自主地跟着笑，即便当时是不开心的，因为如果不笑就会显得格格不入，就有可能招来异样的眼光，这是一种很深的自我保护本能。

在工作场合每个人都穿工作服，如果自己没有穿，就会在一众人中凸显出来从而感到不自在。

开会时如果只有一个人迟到，可以想见他在众人注视下走入会场时会有多么尴尬。

有人害怕在公众面前演讲，也是一样的道理，因为所有人的焦点都在演讲者身上，如果准备不充分或是自信心稍有不足，别人的目光对演讲者来说，就是莫大的压力源。

在某种意义上，乌合之众也可以理解为没有自我、盲从于群体意志的一群人。

因为无法出众，所以只能从众。

《道德经》中谈及为人处世之道："和光同尘。"这里的"和"与"同"讲的其实就是归属，归属于光、归属于尘。

我们只会在与自己能力匹配的群体中找归属感，我们不会想要在世界顶级富豪圈里找归属感，因为彼此本就不属于同一个圈子、同一个水平和层次，所以不管富豪的生活是怎样奢侈，都不会让自己感到自愧不如。但我们会与同学、同事、同龄人比较，因为大家水平、层次、高度、眼界等都在一个差不多的范围之内，同属于一类人群。如果低于周边的人，人就会觉得惭愧甚至感到羞耻，相反，如果有人过于耀眼、光芒过于强烈就会灼伤同一群体内的其他人，有可能为自己招来他人的嫉妒、不满甚至仇恨。

举一个可能就发生在我们身边非常常见的例子：有些人在外打拼，过年回家时开了一台跑车，可能他的本意只是想要"衣锦还乡、光耀门楣"，殊不知这就很有可能伤害到其他过得不如他的人，也难免会有人在背后指指点点。再比如同学会上如果一个人过于光鲜亮丽，吸引了全场的焦点，也有可能在无意间伤害到其他人的自尊。所以老子说："光而不耀"，人可以成功、可以优越、可以富有，但要懂得韬光，否则就会灼伤别人。如果一个人想要在集体内维持相对舒服的状态，就要有这种眼界与胸襟，否则将很难得到群体的接纳。

所谓的抱团取暖，抱的就是群体的温暖和力量，集体的力量大于其中任何一个个体，集体的温暖就像一个漩涡一样极具吸引力，这也是人们愿意收敛自己的一些个性以求融入集体的原因所在。

老师说的话往往会比家长的话更管用，因为老师的评价会影响到至少一个班集体，所以孩子更在乎老师的评判，这是任何一位父母都无法拥有的力量。

归属感让人们感觉自己是团体中的一份子，人们会在各种团体中体验归属感，包括家庭、朋友、同事、团队等。除非一个人已经达到了超脱于忘我的境界，否则没有一个人愿意在这个世界上孤立无援。

处于团体之中的人们会感觉安全、放松和温暖。如果我们能够在与周围的人际互动和生存环境中感到归属感，其实就是在享受集体的滋养。

归属感形成于孩童时期。婴儿降生之时犹如白纸一张，他要归属的第一个群体就是父母，从父母那里获得照顾，为父母所接纳、喜爱。

如果父母能在孩子的成长过程中为其建立起这种归属感，以及在其他集体、环境、场合中获得归属感的能力，对于孩子来说，无疑是为他们的人生奠定了一个很好的基底。

孩子通常会怎么做以在家庭中获得归属感呢？答案是模仿。通过模仿父母的言行举止，包括父母的喜好、穿着、审美、价值判断等方面，以此来赢取父母的认同，获得归属感。

人类天生敏感，孩子更是如此。他们在婴儿时期就懂得了"察言观色"：他们会通过哭来试探父母的忍耐、接受程度；也会与父母的情绪产生共振；如果父母对一个人、一件事情的态度是和善的，那么他们也会以开放的姿态去对待同一个人、同一件事情。他们通常会通过对父母的观察和模仿来确保自己是归属于家庭这个团体的。

但这一点往往为很多父母所忽视，大多数父母会认为孩子还小，没有什么价值判断和主见，因此只要确保他的安全以及饮食就可以了，轻视了陪伴的重要性。所以我们经常看到许多孩子是由爷爷奶奶带大的，或者从小就被送到了全托幼儿园，大一点则是寄宿学校；也有很多孩子沉溺于电子产品中，对现实世界知之甚少；更有甚者，有些父母还会经常在孩子面前争吵。在这样的环境中长大的孩子，归属感就会十分脆弱，也缺少与外界沟通、建立联系的能力。他们的体验大多是封闭的："爸爸妈妈忙，他们不会理我的，我自己来就好……"

孩子在家庭之中找不到归属，长期得不到归属感会让他们感到自己是孤独的，是被抛弃的，甚至是父母的一个负担，这份深深的孤独感会让他们变得抑郁，归属感的缺失也会让他们变得容易紧张和焦虑。随着孩子慢慢长大，在他们进入青春期就开始出现各种状况，从小没有获得归属感的孩子，到了青春期就会成群结队去网吧、聚在一起喝酒抽烟，甚至结伴去偷窃、打架斗殴，等等。

一个人长大后加入某些群体，其深层次的原因是他可以在这个群体里面找到归属感，比如一个孩子加入某个偷盗团伙，他可能根本不在乎那些偷到的东西，而是在乎自己能在这个群体里与他人称兄道弟的感觉。

每个人都有寻求归属的需求，通常人们会首先倾向于找自己最亲、最在乎的人，只有在这些人给不了自己归属感时，他们才会转向其他群体。很大一部分有偏差行为的孩子就是因为在父母那里没有获得归属感，才会转向其他群体。

孩子想要得到父母的爱和归属，就会无条件地模仿父母，但问题在于，孩子不仅会模仿父母好的部分，也会模仿不好的部分。

如果孩子什么事情都模仿父母，那么他们只是在复制他人的人生，并没有实现自我。父母当然希望孩子能扬长避短，活出更好的自我。但现实情况往往并非如此，很多父母根本没有意识到这些，他们心里不希望孩子像他们，但日常生活中却经常无意识地逼迫孩子听从，比如经常跟孩子说："你再这样，我就不要你了""你要听我们的话""我跟你说了多少次了"……

当父母向孩子传达这些信息时，等同于告诉孩子：如果你不像我们，就不能被我们这个群体认同和接受。试问孩子哪敢不像你呢？

父母要求孩子听从自己的劝导，往往是以"我们都是为你好"的姿态，但倘若孩子重复着与父母一样的行为：从认知、价值观、人生观到具体的话语，无论他怎么努力，也只能成为父母而无法超越父母达到更高的层次。

如果真正希望他们可以做自己，成为独一无二的自己，为人父母首先要做到的就是对孩子无条件地接纳，从心去接纳那个真实的、与自己不一样的孩子，告诉他："孩子，不管你是怎么样的，父母都爱你。"当孩子得到父母的认可和接纳，便不再去模仿。

其次，我们可以学着去归属孩子，而不是要孩子来归属我们，也就是说，有时候宁愿我们像孩子，也不要孩子像我们。

父母要学会站在孩子的立场上去衡量、判断他们的行为举止。父母与孩子成长于不同的时代背景之下，与孩子之间必然会存在代际差异，走近他们，然后以现有的条件来看待他们，才有可能真正理解他们的所作所为，而不是用自己老一套的标准模板去苛求他们要像自己一样。

父母和孩子相差至少二十几岁，在快速发展的时代背景下，二十年足以产生翻天覆地的变化。许多父母那个年代行之有效的方法和标准，在当今社会可能会显得过时或是片面了。但很多父母可能对自己比较有信心，认为自己试过没错就强迫孩子也去遵循，动辄对孩子"道德绑架"："不听话有你吃亏的时候""我还不是为了你好"等。长此以往，既限制了孩子的发展空间，也会让孩子落伍于同龄人，甚至会因此产生一些心理上的障碍，比如自卑。

包容的父母会"放低"姿态，努力尝试像朋友一样去接近孩子，就会发现他们并不是自己所认为的那个样子。通过了解他们喜欢看什么书、穿什么衣服、玩什么游戏、喜欢什么样的偶像等，在他们身上发现新的东西，带着好奇心去陪孩子一起玩、一起体验。

采用这样的姿态和方式的结果，就是亲子关系越来越融洽，父母能从孩子身上感受到新鲜的事物，也打通了两代人之间相互了解、沟通的渠道。当孩子认为父母跟他们是"一伙的""一类人"，他们也会更愿意、敢于在父母面前吐露真情实感。而父母的爱与陪伴、建议与劝导，在理解的前提下也会更容易被孩子接受。父母会逐渐发现孩子的可爱，而孩子也会越来越觉得父母可亲可敬。

3. 缺爱的表现是寒傲孤高

人们想要融入某个团体最直接的方式，就是模仿这个团体的人，做跟他们一样的事情，以换取接纳。

但如果一个人做了所有能做的依然没能得到认可和接纳，将会怎样呢？

当一个人得不到认同，不被接纳，就有可能因此向内缩，最后变得"寒傲孤高"。

寒，指的是他体验到的冰冷、悲伤、抑郁、失落、无助、自我怀疑……这些情绪都是冰冷的。

傲，指骄傲。当一个人不被接纳，他的归因就会显得简单粗暴，无非是自己不够好或是别人不懂自己的好。前者会自暴自弃、自怨自艾，后者会把这种求而不得转化为无缘由的骄傲："有什么了不起，我还不需要呢，我自己一个人也很好。"也就是俗话说的"吃不到葡萄就说葡萄酸"，这是一种自我保护，如果不想被别人拒绝，最好的方式就是先拒绝别人。

孤，就是孤独。不管一个人的内心多么强大，不被认同、求而不得都会使其产生一种深深的孤独感。

最后是高，所有以上情绪积压在内心无法宣泄，会给一个人带来极大的压力。

一个人不可能一直保持骄傲或孤独的状态，当某个情绪累积到一定程度，会自然地转变，从开始的冰冷变成骄傲，然后又从骄傲变得孤独，最后变成一种高度的压力。

"寒傲孤高"，是一个人得不到归属后的情感过程，只有极少数的人可以做到"一人成团"，自己做自己的旋涡，大部分人只是假装"单飞"，无法享受一个人，因为一个人是很有压力的，同时带着傲慢，底层还有孤独和悲伤。

> "寒傲孤高"，简单四个字却包含着极为浓郁的情绪、情感。如果一个人在与人交往中表现得非常"高冷"，极有可能"高冷"只是他对抗孤独、自我保护的盾牌，根本原因在于他没有得到被爱与关怀。

从被冰冷地对待到对外表现为寒傲孤高，是一个自我归因、消解再转化的过程："我想要的时候不给，我现在还不想要了呢，反正也没什么大不了的"，以此来消解求而不得带给自己的挫败感。

用心观察，我们会发现身边很多得不到归属的人，其状态大都是寒傲孤高的。孤掌难鸣，除非你内心非常强大，否则很难离群索居。所以不管一个人表现得多么不在乎他人的看法、多么享受独居的生活，大都是假象，只不过是求而不得后的过度自我保护。

孤独和单独是两个不同的概念，单独是说一个人存在的状态，但可能并不孤独；而孤独是一个人的心理体验：哪怕处于万人、闹市之中，如果心中没有归属，依然如身处荒岛之上，没有办法感受到温暖。

举个例子，某位成功的企业家受邀去一家上市公司董事长家里参加午宴，东道主好酒，宴会上大家也都起了兴致，推杯换盏间把酒畅谈。但不巧的是这位企业家在两天前做了一个眼部小手术，不能喝酒，所以面对不管是董事长还是其他宾客的敬酒、劝酒，他都礼貌性地拒绝了。

对于这位企业家来说，他与席宴上的宾客之间并没有特别的需求关系，而他自己的事业成就也让他有底气不用去迎合别人，他不需要在席宴之上寻找归属感，所以他敢对别人的敬酒说不。但假如他只是董事长的员工，或者是供应商或项目乙方呢？可能他就没有足够的底气谢绝董事长的敬酒了。

不归属是需要底气的，这份底气来源于自己的能力和实力，不完全有赖于外在的物质方面，更指内心、精神层面。

再举一个例子，一位企业家去参加一个总裁培训班的课程，班里其他学员也基本是企业家。某天老师讲到品牌打造时说："我们要做品牌，就要多方位地去投放品牌信息，作为企业主，要把塑造品牌的意识刻在骨子里，通过各种方式方法去打造你的品牌。我准备出第五本书，如果只需花费两万元，就可把你的品牌信息和创始人介绍放进里面一起发行，在各大机场书店和连锁书店出售，你们觉得值得吗？"

他的话引起其他学员的频频点头，都说："是的是的，同意，很值得。"老师继续说："那么认为值得的请举手"，台下的学员齐刷刷举手，老师这时候说了："请举手的上台。"大家不明就里，但看到其他人都上台了，就也跟着一起上了台。老师接着说："好的，我们大家合张影，然后麻烦服务小天使们上台，为各位老板刷卡，这两万，就是你们打造品牌的第一步。"

留在台下没有上台的人不多，其中包括这位企业家，还有一位来自北京的男士，以及一位来自西安的女士。

这时老师发问："请问你们三位为什么不上来？"那位女士有点坐不住了，她站起来又坐了回去，台上的人一直在向她招手，她最终没坚持住跑上台去，剩下企业家和另外一位男士，男士还在犹豫，这时老师又说："想要打造品牌，却连两万元都不愿意花，那请问该如何打造呢？"这位男士听完也忍不住地走上了台，台下只剩下这位企业家。

　　这件事情告诉我们，不管一个人地位或身份如何，骨子里都有"从众"的心理，在一定的场合或是某种情况下还是会随大流，如这位企业家那样坚定自我的人少之又少。

　　那天课程后，企业家所在的二组的组长课后在群里发信息组织组内成员中午聚餐，企业家看到信息时已经在去餐厅的路上，于是礼貌地回复："我已经在吃了，这次就不跟大家一起了。"这天中午二组学员聚餐刚好就在企业家的隔壁桌，相隔仅约二十米的距离。

　　这种情况下，如果这个企业家的内在是寒傲孤高的，可能他当时的心情会很尴尬，内心可能生起被孤立的感觉。但如果他并非寒傲孤高而是保持自我，那么内心就会是平静的。这就是自我的归属能力，拥有这种能力的人，哪怕独自一人，也能做到如如不动，不受外界干扰。

　　人类之所以有别于其他生物，是因其具备自由意志，自我归属能力便是其一。有了自我归属能力，一个人会在众多选择中选择自己感到最舒服的那一个。既有能力享受独处，也能和光同尘，并在群体之中找到自己的定位。归属集体不再是他寻找自我价值以及安全感的唯一途径。

　　当然，人生是一个过程，在某些阶段我们还不具备自我归属的能力，这也是人在大多数时候需要在集体中寻找归属的原因所在。这个时候我们就应该主动去寻找一些适合自己的群体，汲取集体的力量，让自己在集体中变得强大。

　　正如上文的例子，如果二组其他人都在企业家旁边有说有笑地聚餐，而他内心升起的是寒傲孤高的情绪，又没办法寻找其他办法去缓解或是坚定自我，那么，他就有可能也去加入大家的聚餐，想办法融入他们。

　　这肯定是需要一个过程的。在还没有能力自我归属的时候，人还是需要群体的保护与温暖——要懂得善用群体的支撑与力量，但要保持自我的独立。在集体中无意识地盲从是一件很可怕的事情，人会变为集体或他人的附庸，毫无自我可言。

　　小动物，比如小羊、小鸡都喜欢群居，因为它们自身弱小，在集体中会很安全，但它们永远不会拥有独自面对集体以外的能力。所谓的要在集体中寻求归属，既不是说要像孤狼那样单打独斗，也不是像小动物那样对集体完全依附，而是二者的结合。既要会像小动物那样在集体中寻找温暖，也要有像老鹰或狮子那样能独自行动的能力。只有这样，我们才能真正处理好自我与世界、自我与他人的关系，从而为自己营造一个有益的外部环境。

"寒傲孤高"不可取，那么怎样才能规避自己产生这种心理呢？

正如我一直强调的，一个人之所以会寒傲孤高，是因为没有归属感。试想如果一个人得到的都是冰冷的对待，他又有何能力温柔待人呢？我们要学会取暖，有两种方式：一种是通过对某一群体的归属来获得；一种是通过自我的归属来获得。对群体的归属包括家人、亲人、共同工作的同事、一起为达成某一目的而聚集的团队等；而自我归属最重要也最直接的办法就是要做到爱自己。

这些归属是有层级的。"自我归属"先于"家人形成的群体"，"家人形成的群体"又强大于"外人形成的群体"，如果你找到了自我归属，家人的归属就会成为锦上添花的部分；而如果一个人拥有能让自己感到非常幸福的家人，那么向外部群体寻求归属也就不再显得那么必要和重要。所以通常情况下，生活于和谐家庭环境之中的孩子往往在学习、与人交往、性格、处事能力等方面有较好的表现。

而自我归属的重要性不言而喻，一个人在一生中会取得的成就、达到的高度、获得的感受等，都有赖于其自我归属感的确立。

4. 过多的爱让人恼羞成怒

每个人都需要被爱和归属感，得不到或是不够都会对其产生不同程度的伤害，这个道理在前文中已反复论证。

> 但还有一种情况，或许是大家所意想不到的。那就是有时候，得到的爱太多，也是一种伤害。

这么说可能会显得有些抽象。以亲子关系为例，父母对孩子的爱是一种天性，基本上所有的父母都恨不得把自己乃至世界上最好的东西都给孩子，吃最健康的食物、穿最昂贵的衣服、读最好的学校、交优秀的朋友甚至呼吸最无害的空气。但是我发现，往往父母为孩子付出了一切，甚至为了孩子不惜孤注一掷，但结果却不尽如人意。为什么？这里面有一个深层次的问题值得深思，如果每一位父母都能悟透这一点，相信很多亲子问题都会迎刃而解。

孩子很容易对父母有羞愧感，父母给了他们生命，生他养他，这对于孩子来说，就像一份永远都还不起的恩情。

但如果父母再为这种羞愧感加码，过分给予并不断强调自己对他们的付出，就会把这种愧疚感严重化，让孩子深感负罪。比如，有些父母会经常跟孩子说："妈妈生你的时候差点死掉""小时候家里很穷，连饭都吃不饱，我们把最好的都给你了""我们对你这么好，你以后打算怎么回报我们""把你养到这么大，我们多不容易""我们做的一切还不都是为了你""如果不是你，我们早就离婚了""你一定要出人头地啊，才不枉费我们为你付出的一切""为了供你读书，你哥哥姐姐都早早辍学了"……

父母说这些话，可能只是为了让孩子更加努力，但在孩子听来，犹如一层层枷锁，叠加成为他们人生的负担。

如果孩子长大以后取得了一定的成就，他们有能力通过各方面的回馈来填补，这份愧疚感和亏欠感还能得到缓解。但优秀的人凤毛麟角，大多数人的一生是在不满足的驱使下不断努力，很多时候可能都达不到父母的期待，或是给予父母很好的回馈，心底深深的愧疚感就会让他们不堪重负。

一个人的情绪是有层级的，最理想的状态是喜悦平和，而抱有羞愧感与负罪感是最糟糕的状态之一。

愧疚、亏欠的能量是极其消极的，消极到让人难以忍受，人出于自保也不会让自己一直处于羞愧之中，他们会转化，由羞愧变为愤怒。

有时父母给得越多，孩子就会越恨，这就是所谓的"恼羞成怒"。

在一次家庭指导中，一位学员提出一个疑问：他有一个侄女，父母非常宠爱她，一毕业就利用自己的关系为她在亲戚的公司安排了一份收入非常可观的财务工作，但她做了一段时间就辞职了，而且无论怎么劝说都不愿回去。

在这个例子中，为什么女儿对父母不仅没有感恩，反而处于一种敌对的状态呢？特别是每当别人劝说她要孝顺父母时，她就会特别地愤怒，这让她的父母感到很痛心，却不知道自己哪里出了问题。

父母不断给予，工作、房子、车子，能给的统统都给，为她的学习、工作、人生扫除了一切障碍和忧虑，那她还做什么呢？能用什么来回报父母呢？回报不了就会越来越羞愧，转而变成对父母的愤怒和怨恨，这无异于逼着孩子通过弱化甚至贬低父母的付出来减轻内心的羞愧感，让自己的心好受一些。

不少社会新闻报道中孩子自杀的事件，深层的原因或许也在于此，比如前段时间，一个初中生在学校被母亲当众辱骂和扇耳光，一气之下他纵身一跃结束了自己年轻的生命；还有上海某高架桥上因母亲责骂而跳桥自杀的17岁少年；等等。

如果单从表象看，人们会粗暴地归因于现在的孩子自尊心太强，抗压能力太差；或是认为其父母的教育方式出了问题。但其实根源在于孩子心里对父母的那份无力偿还的亏欠感与羞愧感：你们给了我生命，供我读书，养我长大，既然养育之恩无以回报，只能把生命还归于你们。这个道理其实古人早就明白，比如神话故事中哪吒"剔骨还父，割肉还母"，但今天的父母却对之常常忽视。

父母的过度付出，不仅不会让孩子感受到幸福，还会成为他们变得更好的羁绊，一心想要回报父母的孩子，难有余力再去思考自己的未来。

另外，父母也不应该将自己对孩子的付出视为一种筹码，期待一种必然的回报，动辄进行"道德审判"，父母与子女之间的付出与回报，究其根本是一种生命自发的本能。

父母对子女的爱，是一个从尽力付出到逐渐退出的过程。孩子0～6岁期间，孩子没有独立生活能力，父母就要全心全意地照料，而随着孩子的逐渐长大，父母就没有必要再一味地给予，而是创造机会让孩子学着独自承担，也让他们学着感恩与回馈，在自己力所能及的范围内付出，比如承担部分家务、外出帮忙拿快递、整理房间、在父母生病时照顾他们……

父母要引导并欣然接受孩子为自己的付出，让孩子有机会获得付出感、成就感，以此来消解和平衡那份未曾觉察却挥之不去的愧疚感，这样的亲子关系才能和谐而持续。

等孩子到了再大一些的年纪，父母要学着一点一点淡化自己对孩子的照顾与影响，这样一方面可以培养孩子的独立生存能力，也能过回自己的人生而不是将之绑于孩子身上。父母和孩子都不是彼此的附庸，都各有自己的人生。爱不是单向一味地付出，更不是过度地保护和控制，而是尊重、平等和信任。关注与期待过多就是负担，适度才是最理想的状态。

除了亲子关系，恼羞成怒也常见于其他人际关系中。有时亲人之间、朋友之间、恋人之间，莫名就有了距离感，或者无意中就对彼此有诸多不满，原因可能就在于此。

比如亲戚朋友之间，所谓"升米恩，斗米仇"，有一些人经济条件比较好，就会主动去资助那些经济状况一般或较差的亲戚或朋友，但这种帮助也要适度。当一个人快被饿死的时候，你给他一升米，他会把你当作恩人，对你万分感激；可是如果你给了一升米后，又给了一斗米，给得多了，他会当成理所当然，给得越多越会激发他的贪婪。重点是你给得越多，他越还不起，内心就会从感恩转为羞愧，最后转为愤怒，关系就这样微妙地发生了变化。

印度流传着一个非常耐人寻味的故事：一个非常富裕的人同时也非常善良，经常以钱财或者物质资助别人，但无论他如何付出，大家对他的态度并不友好，他对此深感困惑，便去请教一位智者。智者告诉他："下次你给予别人帮助的同时，也接受一些别人对你的回馈，你甚至可以主动去要。你之前单方面地给予，会让受助者感觉到亏欠，你要适时创造机会让别人也有付出感，这样你们的关系才会平等和持久。"于是，之后这位富人在经过一些他曾经资助过的人家时，便会主动去和他们聊天，然后讨要一些物品，比如一只鸡、一袋米或者其他的东西，久而久之，真如智者所言，人们对他不再漠然，而是充满了感恩与敬重。

不要以为给得多就是好事，但凡有点尊严的人，都不甘于一直接受别人的施舍，而是希望有机会回馈。懂得这个道理，再去帮助别人时，如果别人想请你吃饭来表达感谢，或者回敬一些小礼物作为回馈，不妨愉快地接受。

五　更多的情绪真相

1. 无能抱怨

除了以上所提到的种种，情绪方面的困扰还有很多，比如愤怒、焦虑、悲伤、怨恨、痛苦……

不同的情绪有不同的质感，悲伤是很冰冷的，愤怒是很燥热的，怨恨是绵长阴暗的，往往停留的时间也会很久。

抱怨，抱加上怨就会形成很多拉扯，是一份外放指向别人的情绪。所有抱怨背后都有一个共同点：改变不了、无能为力，无能才会有所抱怨。

很多人会抱怨自己的伴侣，觉得他不够温柔、不够体贴、不能给自己安全感……但这并不能改善亲密关系。良性的亲密关系首先是要求我们理解自己的伴侣，并有能力对现状做出正向的改变，用建设性的方法去提升亲密关系的品质。

有些人抱怨孩子不听话、不懂事、不爱学习……但这只会让孩子与自己越来越疏远，如果懂得亲子关系的关键，懂得孩子在每个成长阶段的需求，那么你会根据孩子的需求去调整自己的教育方法，而不是将过错全部归咎于孩子。

当能力缺乏时人就会抱怨，能力越低、抱怨越多。有不少人会耗费大量时间精力在抱怨上，抱怨机会太少、压力太大、物价太高、工资太低……而一个有能力的人，根本不会浪费时间在抱怨之上，而是会把更多的时间精力投注在如何提升自己的能力、改善现有状态之上。我们会发现，一个人能力越弱，抱怨就越多，而强者关注的是行动。

所以，当我们觉察到自己在抱怨时，不妨反向向内审视，如果不满合伙人，就去了解股权制度，然后根据股权制度开展合作；觉得合作商的项目条款不清晰，就去了解相关法律或者合同拟定制度，然后再去与之展开合作。

除了能力方面的原因外，抱怨通常还与压力成正比，而压力则通常与能力成反比，所以总结起来，能力越大，压力越小；压力越小，抱怨往往也会越少。

所以，当我们再有抱怨的情绪时，第一时间反思自己的能力，而不是将之归因于某个他者或是某种境遇。这种内查自省并不是承认自己的无能，而是让人去看到背后真正的原因，找出问题症结所在，去提升自己从而在根本上解决问题。

通过内查自省，如果发现一些事情以现有的能力还改变不了，那就试着"曲线努力"，先去提升自己的能力。遇事不顺，永远先向内追问，如果原因不在自己身上，抱怨也无济于事。

2. 矛盾丰富

如果一个人被问及"喜欢单一的人生还是丰富的人生"时，相信绝大多数人下意识就会说"当然越丰富越好"。但真实情况是我们根本不喜欢什么丰富，只是喜欢好的东西，好的东西越丰富越好，不好的东西最好没有。

但人生常常充满矛盾，很多时候也是需要矛盾的。如果一味地被爱，就不会懂得珍惜，面对暴风骤雨才会真正懂得珍惜和风细雨。正如戏剧和电影常常通过制造、彰显矛盾来增加情节的跌宕起伏以吸引观众，人生亦是如此。

如果将人生视为一部电影，我们会发现，那些剧情寡淡、结局皆大欢喜的作品往往很难给我们留下深刻的印象，而那些剧情跌宕起伏、主角人生大起大落、视觉效果突出的作品则让我们久久难忘。回头反观自己走过的人生，我们能记起的也大都不是一帆风顺的部分，而是困难、危急、惊险以及决定人生方向的时刻，因为哪怕痛苦、迷茫，它们都足够刻骨铭心。

如果一个人执着于单一体验，就会本能地抗拒、讨厌对立面。比如一个人喜欢安静，他就不想被打扰；一个人喜欢富有，就不会去想象贫穷；喜欢健康，就会抗拒身体的不适；喜欢和谐，就会讨厌冲突。

《道德经》中说："祸兮，福之所倚，福兮，祸之所伏。"就是在告诉我们这样的道理：没有绝对的纯粹，水至清则无鱼。福祸相依，有时成功与过程中的挫折密不可分，身体的痛苦可能源于沉溺于口腹之享受。很多事情、经历表面看是痛苦，可能反而是一份礼物；而有时假象的美好，则隐藏着更大的危机。

上文引用《道德经》中的"福祸相依"说的是相传在古时候，有一位叫塞翁的老人养了许多马。有一天，他家的一匹马在放牧时走失了，这对于一个农户来说，无疑是一个不小的损失，于是邻居们都来安慰他，塞翁却风轻云淡地说："丢了马固然不好，但也许会带来好的结果。"

过了几天，那匹走失的马自己回来了，还带回了一匹胡人的良驹宝马。于是邻居们都夸他有福气。可是塞翁却不无忧虑地说："谁知道会不会惹出什么麻烦来！"

塞翁的独子非常喜欢那匹胡人马，天天骑着它兜风。有一天，他不小心从马背上摔了下来，摔断了一条腿，成了终身残疾。邻居们又来安慰他，塞翁却说："儿子虽然摔断了腿，但能保住性命也是一种福气。"

又过了不久，胡人大举入侵中原，按官府规定，村里的男丁都要应征入伍，战争结束后，村里入伍的男丁大都战死了，而塞翁的儿子由于残疾免于兵役，保全了性命。

由塞翁处祸不悲、处福不喜的超然态度不难想见，他对于世界的不确定性有深刻理解，知道人生是充斥着矛盾和不顺的道理。

有些人生而富贵，一出生就含着金钥匙，物质丰盛、父母宠溺，人生看似将会是顺利美好的。但衣来伸手、饭来张口的物质条件可能会让他不具备生活的能力，稍有不顺便可能一败涂地；或者从小受到宠溺惯出了目中无人、挥霍无度的性格，金山银山也有枯竭的一天。

我们要接受人生的矛盾和不顺，这是一种丰富的体验，我们既要享受人生顺境，又要学会在逆境中学习、成长。当我们对人生有了这样的认知和心态，人生便处处都有惊喜，而不是一成不变的快乐。当懂得了享受人生的笑与泪、乐与悲、伤痛与获得，人生就会上升到另一种维度和高度，就像一部跌宕起伏的电影，时时是亮点，处处有精彩。整体也会变矛盾为统一，化芜杂而丰富。

> 要做好自己人生这部戏的导演，首先要认清一生之中的确有着很多的不尽如人意，很多时候最大的"苦"不是事情本身，而是我们与之的对抗，我将之称为"苦中苦"。

比如一个人生病了，可能只是小毛病，身体有些不舒服，但如果我们不接受它，不采取积极的方法进行治疗，对抗所产生的情绪和心理层面的苦，远比疾病本身来得更强烈、更持久。

又如有人做生意失败了却不愿意面对，不明白失败只是一时的，每天怪罪自己，不停后悔当初的决定，这种对抗会让他放大失败的影响，可能从此一蹶不振，一生都活在自责愧恨之中。

再比如有人在一段不幸福的婚姻中，看到伴侣就会嫌恶，这段不幸的婚姻是一个痛苦，但如果根本没有打算结束这种关系，同时又很抗拒这段关系，平时对伴侣诸多埋怨指责，还不断地评判自己，懊悔当初走进这段婚姻，那这时候就会衍生很多的苦中苦。

人生真正的苦源自于对苦难的对抗，对抗产生的苦是内在的，持久且根深蒂固。承认它们的存在然后直面它们，以塞翁一样的心态去经历它们，你会发现，所有失意和挫败都是一时的，最多是阶段性的，找到根源并解决它们，会是人生很好的经历和成长。

但很多人不懂这个道理，遇到苦难只会下意识地逃避或是对抗，然而并不能解决它们，由此就会产生额外的"苦中苦"，而这种苦对我们的影响才是致命的。

人生不如意事十有八九。外部世界就是不统一的，内心又因各种想法念头而充满矛盾，如果没有健康的心态，难免深陷苦中苦而无法自拔。

每个人都有追求幸福快乐的欲望和动力，但困难和挫折也是难免的，关键是如何看待它们。越是在困难之中越要保持注意力在线，不能沉溺其中酿成更大的苦果。一个意志消沉的人所散发出来的气场也会令人想躲避。人生短暂，当到了垂垂老矣的那天，你希望自己回望一生是什么心情？或者说，你希望别人怎么总结自己的一生？

不经历事不足以看清自己和身边的人。几乎所有的文学作品、伟大的电影所讲述的都不是平稳的人生。那些可以被我们称为伟大的人更是如此。作为平凡的人，我们大多不具备经天纬地之才，也不可能做出扭转乾坤的事情，但小人物同样可以很精彩，精彩之处，就在于解决一个个小困难的过程之中。

庄子说："至人之用心若镜，不将不迎，应而不藏。"心是恒常的，世间的苦乐皆是云烟，保持心的恒定才能做到宠辱不惊。

以我们获取信息的通道来说，外部信息进入你的内在，又会经由身体得到释放，这只是一个过程。而有了丰富的经历经验，更利于一个人的转念转境，当我们明白了这个道理，就会懂得享受人生，感恩每一段经历。

人生没有安稳，只有保持心态的恒定、淡然，才能任凭风吹浪打，我自闲庭信步地过完一生。

六　拨动心弦的艺术家

一个人的修行是全方位的，不仅需要健康的体魄，还要有睿智的头脑，同时具备灵动澄净的心，三者俱备，是一个人立身存世之根本。

身体的营养来自日常摄取的食物，而脑的"营养"则在于从外部所获取的信息，心的"食物"有赖于人的感受或情绪。三方面都需要得到滋养，健康的食物、丰富知识和信息、积极向上的情感对于一个人都是必需和必要的。

对于身体层面来说，当下社会物质发展状况早已让人们衣食无忧并且向更高层次追求，比如绿色、有机、健康低脂、粗粮、低碳水等；而处于信息大爆炸时代的我们来说，脑的营养也极其冗杂，每天一睁眼，手机、电视、新闻媒体、公共广告、社交平台、小程序、公众号、自媒体、家人、同事、朋友等，都在以不同的方式、用不同的内容对我们的脑进行"投喂"。

心的营养是最重要的，但同时也是最难补充的，因为它的营养最飘忽不定、最形而上。身、心、脑三者中，心和身体对一个人的影响最大。脑要接收信息，所以它对营养的获取是向外的，而心和身体则有赖于内心情绪、情感、感受的滋养，所以它们获取营养的渠道是往内的，内在有很多日积月累的信息，是自动运行的潜意识，因此它们的力量会更大。

如果将心视作一个容器，里面装的是水。我们知道，只有流动才能让水"活"起来，而一潭死水不仅不能产生正向的能量，长时间的不流动反而会滋生细菌、散发出恶臭。心灵同样如此，流动起来才有可能"盘活"能量，否则就很容易让我们在各种关系中处处受阻。亲密关系中，如果彼此之间没有了心的互动，很多情绪、感受就得不到有效的表达。对于一些前来求助的夫妇，我经常说：吵架不可怕，可怕的是两个人连架都懒得吵了，看到对方没有任何的情绪波动，那才是婚姻最大的危机。吵架当然不好，但至少证明对彼此还有情感方面的要求，彼此有表达的欲望，有诉求就有沟通的可能。

如果一个人的工作只是靠工资报酬或地位名利维系，这份工作是无法对其内心进行滋养的，没有滋养就很难持久。

可见内心能量的重要性。很多人活得不开心，很有可能是由于自己的生活与心的能量失去了连接。每个人在其一生中总会经历或多或少的创伤，有些人会因此关上心门，虽然这样做清醒且理智，至少他不会被负向的情绪或创伤再次伤害，但心也会因此而得不到任何的滋养。这也是我在前文说夫妻之间吵架并不可怕的道理。哪怕是经历创伤、苦痛，都好过变得过于理性而麻木，如同机器人一般。生命是需要活出来的，很多事情可能会让人烦躁、抑郁、愤怒、伤痛等，但也因此证明了一个人的生命力是流动而鲜活的，经历过风雨亦见过彩虹，才足以彰显一个人精神世界的丰富。

那么，心的营养要如何补充？

任何一种单一的情感体验都不足以让人内心产生波动，人生的美好就在于丰富的情感体验，比如，一对恋爱中的男女，如果一方只是付出，另一方也只是接受，这种关系是长久不了的。因为对于双方来说都只是一种情感体验，它当然可以在恋爱初期或是某一小段时间内维系感情，但任何人都不可能在一种情绪中待太久。时间长了，付出的一方就会有所期待，而接受的一方则会因为失去新鲜感而产生抗拒。嬉笑怒骂、喜怒哀乐都是人生。举个简单的例子，如果我们餐餐大鱼大肉、鲍鱼刺身，不管做成什么样子，都会腻烦，就会开始怀念白粥小菜的清爽。一部成功的电影、一本伟大的小说，其情节也必然是丰富跌宕，充满了矛盾与冲突。

因此，要想满足心的"口味"，我们就要学会"拨动"心弦，让心的感受丰富起来。

先要学会通过丰富的情感体验来滋养内心。一场电影、一场音乐会、一次徒步、一次美妙的邂逅、一次说走就走的旅行等，在不同的人生经历中有意识地发现生活的美。

学会拨弄心弦，就是要允许它有时快乐，有时忧伤，有时亢奋，有时安静，不要立即否定任何一种情绪和情感，无论正向或负面。

从工作的角度，比如，在工作中培养自己对工作的情感，为什么做这份工作？它的意义和价值何在？自己实现了什么？百年老字号之所以能赢得顾客的信赖，在于其情怀，情怀让人对它产生情感。情感是心的部分，是人们想起某个品牌或者某家店而生起的感觉，而不是脑海中一闪而过的念头。

工作的动力是什么？理智驱动还是情感驱使？如果是靠理智驱动，听从别人命令任务性地去完成，是迫于某种压力做一切"应该"做的事，人就会像机器一样，心中是没有任何情感而言的。而这种机械的重复又很消耗人的情感，有一天没有了指令或是压力不再存在，人就难以再继续维持这种工作。

所以我们不妨现在就问一下自己：工作中你的领导会拨动你的心弦让你对工作更有热情吗？你自己呢，会通过拨动自己的心弦为工作赋能吗？你又会拨动下属的心弦，让他们对工作有更大的自发性和更多的积极性吗？

我们要学会调整自己的心绪，无论做什么，不关乎什么工作性质或者报酬多少。不会调整心态的人，不管在多好的工作岗位上，表现也不可能有多优秀。

人际关系也是一样的道理。一对夫妻或者情侣，要经常思考在彼此的身上能得到什么，对两人的关系有益吗？会经常从对方身上获得新的认知或情感吗？对方能撩动你的情绪吗？你能拨动对方的心弦吗？你们的关系是靠理性支撑还是用心在交流？你们的关系会对彼此产生消耗吗？这种消耗对你们的关系有损吗？双方在这段关系中快乐吗？

无论是工作还是人际关系，我们都要有反思精神。既要去观察一段关系、一份工作为自己带来了什么。也要反过来问自己：我在一段关系、一份工作中做了什么，给予了什么，有什么贡献？还要从两方面分析：作为接收方我得到什么滋养？而作为给予方我是靠什么在维持这段关系、这份工作？

拨动心弦，更要学着慢下来，让自己对生活、对自己、对周边的人和事物变得敏感，去观察自己对别人的影响，要先去了解自己，清醒观察自己的内心，对任何浮现的感受和念头有敏锐的感知和清醒的认知能力，并及时做出调整。如果有恐惧感或是感到悲伤，那就找到原因所在，然后用行动来调整这种心情：寻求朋友的陪伴，或是听一首契合当下心境的歌曲，让它们得到缓解或释放。

有时候一次说走就走的旅行可以疗愈日常琐碎生活对我们的消耗，当然，也可以是一场电影、一场音乐会，方法有很多，因人因时而异。

拥有了自我疗愈能力后，你才能看到别人的需要，更好地照顾别人。

爱自己就是要时时去观照自己的身心，时时拂拭不让其蒙尘。感受自己的身体、脑和心的状态，不管哪一方面"营养不良"，都要有意识地去做补充，只有当一个人身体健康、头脑清晰、心灵通透了，才能活出生命的最佳状态。

七 回归内心的九大法门

我们要有高效运用头脑的能力，也要学会回归内心。心与脑就像八卦图，阴阳互补，相生相克。心属阴，脑为阳，两者形成一个太极。孤阴不生，独阳不长，我们要学会让这个太极转动起来。在日常生活中，用脑越多人越理性，也有可能显得不近人情；而用心越多则越感性，有时则会意气用事，想要达到两者间的平衡，需要回归内心做调整，回归内心有以下九大法门。

1. 慢下来

现代人的工作生活节奏越来越快，快的质感是阳性的，当某个阶段我们感觉已经快超出负荷，就需要用阴性的事情来平衡。慢则属阴性，节奏过快就要学会调慢一些，慢一些人才有可能向内回归，慢慢地走路、慢慢地喝水、慢慢地吃饭、慢慢地表达，慢下来去发现生活中因快节奏而为我们所忽略的风景。

2. 非视觉

快节奏的生活让我们的五官不停地超速运转，在视觉、听觉、嗅觉、味觉、触觉中，不难发现视觉常常处于过度消耗的状态，它也是开启理性功能的一把钥匙。我们走路、做事、看手机、读新闻、用电脑……大量用眼的时间使我们获取到大量的信息，也因此脑的工作压力就会增大，阳性能量会越来越强。闲暇时间我们要有意地多启动非视觉的感官，也即听觉、嗅觉、味觉、触觉，这些器官的感知更偏感性，是阴性的，会让我们更容易回归内心。

当我们思绪翻飞、情绪亢奋的时候，试着听一首轻音乐，或是细嚼慢咽地品味一餐可口的饭菜，或是去做一些可以让身体放松的瑜伽、SPA（水疗）等，这些都可以让我们慢慢地平静下来，回归内心。

3. 变敏感

快节奏的生活让我们下意识地采取一些"高效"的方法，比如用现有的标准和模板去衡量工作、事情。这些方法在工作中是有用的，但并非事事物物都有其恒定的标准，有时候需要调动感性思维去体验生活。所以我们要学着变得敏感一些，对声音、食物、情绪、神色等敏感起来，再运用非视觉的感官去感知它们，让自己达到平衡的状态。

4. 在当下

我们常说要"活在当下"，其实并不难，只要注意力在线，就是活在当下。当注意力与头脑合一，我们的思维就能专注于眼前；当注意力与心合一，我们就能敏感地去感受当前。活在当下与上文提到的"变敏感"是相辅相成的，当我们足够敏感，就能更好地觉察自己当下的状态和当前的心境。

5. 常怀旧

常怀旧是指回忆过去。在我们的经验体系中，新鲜属阳性，旧有则属阴性，常怀旧能让我们更加感性。当跟老同学、老朋友聚会聊起曾经的过往时，当故地重游时，当再次品尝到小时候的美食时，当翻看一本旧书时，我们会发现，时间慢了下来，人的思维也慢了，变得敏感和细腻起来。

6. 找归属

当我们身处集体之中时，会发现集体有其不一样的节奏和做事方法，它不为任何个人所左右或改变。在集体之中我们有机会把精力多投注于内心。比如旅游，如果有人已经把地点、食宿都规划好了，那我们只需要跟着大家就可以了，也就有了闲情逸致去感受旅途中的一切，全情享受。

7. 多独处

处于各种关系之中的人们有时难免会被一些事情裹挟，受各种因素的干扰和影响，只有在独处的时候才有机会观照自己的内心。所以我们要有意识地创造独处的时间，暂时切断外部信息，使自己免受外界干扰，回归内心，自查自省。

8. 随缘分

"随缘"是一个佛家用语，也就是我们所说的随遇而安，随顺各种因缘际会、各种客观条件。外部世界之人、事、物对于我们来说都是"缘"，我们以平和、达观的态度与之产生关系而不执着于物事，谓之随缘。随缘，可以让我们更有可能维持心态、情绪的平和、平稳，这对于身处各种关系、诱惑的现代人来说尤为重要，顺其自然，随遇而安，才不至于让自己身陷各种旋涡。

9. 爱相随

人类得以延绵存续至今，既有赖于物质条件的滋养，又得益于精神、心理层面的润泽。爱是心灵的养分，可以是亲情、爱情、友情、同事，也可以是人与大自然之间的交流，要保持生命的活力，就要时时在生活中搜集爱的力量。不管是爱人还是爱己，爱或被爱，有爱相随，心方能回归。

第 三 篇

Chapter 03

人生的全面蜕变——身体篇

成为自己的人生导师

身体从出生开始就一直不停地在为我们服务，不舍昼夜，哪怕在我们休息的时候，心脑都已放松，它依然在工作：消化食物、把养分输送到血液，把新鲜的氧气带进身体，把不需要的垃圾排解出去……对于身体的付出我们几乎是无意识的，它却一直都在自动运行之中。

身体像一个巨大的容器，装载着大量的信息。脑的念头、心的感受、外部环境给我们的感觉，都在不断地沉淀于体内。

身体有其特有的"工作方式"和"工作逻辑"，我们要学会倾听、顺从身体，为更深层次的求索奠定一个好的基础。

一　拥有健康的身体需要触觉唤醒

海洋里的一些低等生物没有眼睛和耳朵，所以它们只有触感，没有听觉也没有视觉，越低等的生物感官越少。人类丰富的感知功能都是慢慢进化而来的。

在五感之中，触感是最原始的感官之一。当生物还在爬行阶段时就拥有了，而视觉功能则是最新形成的。如果以五感的丰富性为标准对生物进行排名，人类无疑是最高等的，人类拥有视觉、听觉、嗅觉、味觉和触觉这五感，而最低等的生物只有简单的触觉。

触感是最原始的感官，它在进化过程中承继了物种千万年以来的经验。

人类进化出了视觉系统，通过眼睛从大千世界获得海量的信息；而听觉则让我们时刻主动或被动地接收着外在的一切声音。相较而言，我们会花费更多时间去看去听，而不会将大量的精力用于触碰的感知，就像我们看到一朵鲜花，接收到的是它的美丽，却鲜少感受它的质感。

所以，五感之中钝化得最厉害的就是触觉，人们过分强化和运用视觉，导致触觉变得迟钝且麻木。

现代人每天调动视觉功能的时间超过80%，留给其他感官的时间很少，要提升身体的敏感度，就要对其他感官进行大量的练习，尤其是退化最严重的触觉。一旦身体得到大量的触碰，就会发生改变，这就是身体层面的"一触即发"，一触即发可以让你的心更柔软，让你的身体更放松。

试着闭上眼睛，有意识地用手去触摸自己的脸部，用舌头触碰口腔，尤其是那些从没有触碰过的区域；尝试用舌头去舔嘴唇，用指腹触摸眉头、鼻子和耳朵，去感受内心，你会发现，一切都会显得很陌生又新奇，像是打开了另一个世界的大门。

同样地，当与他人接触时，也放慢一些节奏，仔细观察然后送出你亲切的问候、友好的握手、鼓励的拥抱，也会有意想不到的回馈。

我们把太多的时间用于去看而忽略了去感知，所以多与自己、身边的人发生触觉的联系，重新去唤醒自己触感的敏感度。

> 如果说我们的头脑有一个门，那打开"脑门"的其中一把钥匙就是视觉；如果说我们的心有一道门，那打开"心门"的其中一把钥匙就是触觉。

睁开眼睛就打开了头脑的通道，念头就会产生。当一个人把能量和注意力过多地用于去看，时间久了，他的思维与想法就容易与身心失去连接，陷入片面与偏执。偶尔打开心门，去听听音乐，听听人们的声音、花草的声音，或者细细品味美食……尤其是一旦身体产生触碰，改变就会发生，不仅是身体感觉方面的，也包括我们与他人的关系，会更有深度与黏性。

所以，在日常生活中我们要有意识地多留意自己的触感。先从自己开始，慢下来通过触碰去感受自己身体的各个部分，再学会与家人通过触碰产生情感交流，亲吻、拥抱你的孩子、伴侣，用心去体味彼此的气息、温度，心灵的交流也会由此而产生。

二 拥有健康的身体需要学会放松

每个人都想要拥有一个健康的身体，因此人们会通过饮食、睡眠、运动、养生等很多方式来获取和保持身体的健康。古今中外的很多医生和专家都对身体健康有深刻细致的研究，以传统养生理念来看，不少这方面的专家都会强调身体的自我修复能力和自我疗愈能力，而强化这一能力的方法其实比较简单且易于践行，其中很重要的一点就是要学会放松。不管我们做什么事情，只要身心是放松的，你就不会紧张，就不会对身体和头脑产生压力而影响它们的正常运行。身体很强大，有着非同一般的新陈代谢能力和自我疗愈能力，我们要做的，就只是放轻松，然后身体就会自然顺利地运行。

在日常生活中，我们总是会无意识地产生一些紧张和对抗，很多时候、很多事情都会很容易地让我们陷入紧张的旋涡中。身体并不能完全放松，比如当我们坐着的时候，出于仪态或是其他社交礼仪考虑，身体的一些部位还在用力，腰杆子笔直、肩膀用力、双腿"凹造型"；搬张椅子都要咬紧牙关，其实根本无须到这种程度；有时开车握着方向盘的手也充满了紧张，但细心感受之后便会发现根本不需要这么用力；再比如有些人惧怕在众人面前表达，演讲时就会非常紧张，哪怕讲完回到了自己的座位上，依然浑身发抖、手心冒冷汗，台上的紧张感还在继续。

有人握笔写字时很用力，但其实放轻松去写，字迹也会一样清晰，只是我们平时用力惯了，不用力不足以显示自己在努力。

还有一些人，睡觉时精神也处于高度紧张的状态，于是通过各种光怪陆离的梦境表现出来，表面看是在休息，但对身体而言一刻也没放松，这样的睡眠质量是不会高的。高质量睡眠的关键不在于时间，而在于睡眠深度，也就是说身体有没有完全彻底地放松。

然而，人们的这些无意识的对抗和紧张总是在发生而且很难规避，力气就这样被大量浪费在一些无意义的挣扎之上了。

想象一下，如果地上有一袋米，由于重力，里边的米会慢慢地散开，米慢慢散开的过程可以类比人们放松的状态。但对大多数人来说，很难做到这样自然而然，正如上文讲到的那些情况，有的人连呼吸都是用力的，身体时时都有对抗的力量，这种精神状态下是很难做到自然放松的。

性能好的车和普通的车最大的区别在于前者摩擦少、杂音少、流畅性好。人也是一样，当一个人足够敏感，会在移动时"听"到自己身体发出的声音。脖子扭动、肠胃蠕动、吞咽时都会产生一些杂音，为什么？因为身体在对抗行为。

同样的情况还有打嗝，有时候打嗝就是器官间的摩擦。

眼睛也会残留很多的压力。如果一个人长期处于一个需要察言观色的环境中，眼睛就会一直很紧张。我们太在乎别人的眼光和评价了，总想知道别人会怎么看自己，大部分人的眼睛都有多余力量的残留。

学着对自己的身体敏感，倾听身体发出的各种声音，不要与之对抗，让其得到顺畅的表达。对抗就会让身体的器官产生挤压，使一些力量得不到释放而残留。

放松的最高境界是"不遗余力"。

这里的"不遗余力"与我们平常理解的有所不同，这里是让我们不要在身体里面残留任何多余的力量。比如搬抬物品时需要用力，当完成后就让手回到自然的状态。演讲时情绪高昂，下了舞台就彻底地放松，像上文中提到的那袋米一样，让身体回归自然。

修行人打坐入定时就是一种极度的放松，在这一过程中有时连呼吸都会短暂停止，气住脉停，更没有代谢、消耗、紧张，人的身心都进入了一个物我两忘的"真空"状态。

身体要放松，脑也一样。我们一睁开眼，脑基本就处于高速运转的状态，要给脑休息的时间，有意识地切换自己的状态。

我们反复强调放松的重要，是因为大多数人在日常生活中很难达到这样的状态，我们的身体经常莫名其妙地用力和对抗。而当我们长时间为做某件事而积蓄的力量在事情结束后依然残存在我们的意识之中，身心依然处于高度紧张的状态。

身体状态像太极的阴阳两极，懂得平衡的人会在两者之间自由切换，既能"四两拨千斤",也能"举重若轻"。

相信大家都有过不需要用力的时候仍在用力的经验。现在大家注意一下自己的坐姿：看看身体的各部位如大腿、尾椎等是不是在用力，感受一下自己脖子和头是不是向前倾而非处于比较放松平衡的状态。答案十有八九是肯定的。

试着让自己完全放松，感受并记住这种感觉。下次如果发觉自己某个部位还在用力，就回想这种感觉，让自己放松下来。多尝试几次我们就会慢慢拥有驾驭身体的能力，根据需要"量力而行"，不需要就"不遗余力"。

余力在我们的身体中通常是不易察觉的，它在压力消失后依然存在于身体相应的部位继续产生消耗。我们对自己的身体状态应保持觉知与敏感，一旦觉察到该放松时身体仍在用力和对抗，就要及时做出适度的调整，让身心都"轻"起来。

> **因此可以总结为，身体的健康需要放松，而放松就要不遗余力。**

当身体足够放松时一个人的状态是平和的，当整个人处于和谐平衡的场域内时，他与自己、他人以及外部环境的沟通也会是顺畅的。

拥有健康的身体需要高品质"燃料"

水、空气、食物进入体内，通过各个器官转化为身体所必需的营养和能量，保证身体各项机能的正常运行。除此之外，身体有其独特的自愈能力，毫不夸张地说，身体是全年无休地在工作。

正如前文所说，如果一个人一直是接受给予的那一方，可能往往就不会懂得感恩，我们对自己的身体也是如此，因为它一直在"默默"工作，我们将之视为自然而然，也接受得心安理得。可能我们对自己的车都比对自己的身体好，我们会选择更好的汽油，定期为其做保养，但我们却很少为身体挑选有营养、健康的食物，而是为所欲为地根据口腹之欲胡吃海塞。

病从口入，大多数身体方面的疾病都源于摄取了不适合、不需要、过量的食物。如果我们在相当长的一段时间内所吃的都是辛辣刺激的食物，比如油炸食品、烧烤、膨化食品等，就会在体内产生毒素的积累，如果对这些毒素再不自知并做出饮食方面的调整，那就会导致身体出现不同程度、不同方面的疾病。这与我们往汽车里加入劣质汽油而伤害了汽车的寿命是同样的道理。

现代人作息不规律、压力大，很多时候不仅对食物没有挑选，还会暴饮暴食，或者饥一顿饱一顿，没有规律。身体虽有其自我消化、治愈的功能，但它不是一个充满无限弹性的气球，身体机能是有上限的，当有一天超出了它所能承受的极限，必然会以病痛等形式显现出来。

细嚼慢咽才利于身体吸收和消化，但很多人在食物摄取过程中不够注意，或是迫于时间或其他因素的考虑，常常随便嚼两下就下咽了，这对肠胃来说，无疑是额外的负担。

然而我们在身体出现问题的时候往往不向内寻找原因，而是求助于外部条件的改善。比如有的人有口臭，不去反省是不是因为自己吃了太多难以消化的食物，而是想通过换牙膏、喷口气清新剂来解决，这种行为无异于舍本逐末，难以真正解决问题。

少量喝酒有益于促进血液循环，但有的人应酬较多，过量饮酒，对身体就会是一种伤害。所以在心情愉悦的情况下适量饮酒是有益的，但如果一个人过量沉溺于酒精，对身体层面的伤害是必然的，也会对心理和精神状态产生一定的负面影响。

在日常一日三餐中，我们同样要对所摄取的食物有所选择，包括品类、营养成分等，养生的本质在于健康与适合，首先要确保食品的安全性，还要根据身体需要选择种类和数量。比如最好饮用纯净水，吃低钠盐，以此来减轻身体的负担。

身体对于食物的需求在精而不在量。人们日常进食的基本需求量是有限的，关键在于如何确保食物的品质。所谓"饭要七分饱，话留三分好"其实讲的就是这个道理，稍有不足不能有效激活身体的机能，过量则是一种损害。

我觉得有些人选择晚上不进餐就不失为一种很好的方法。过午不食本是佛家的一种修行手段，正常人晚上八点钟后不进食，不再给肠胃增加压力，身体的各项机能也可以在睡眠过程中进行有效的自我修复。

细嚼慢咽不仅可以帮助身体吸收营养、消化残余，也是一种很好的修行方法，也即前文中提到的"慢下来"，这样做不仅能更好地享受食物的味道，对牙齿、肠胃也是一种保护。身体与内心一样，它的变好或变差都是一个累积的过程，所以更需要我们在日常生活的各种小事情上用心观照，以这种觉知对待自己的身体，身体也会给人很好的回馈。真正能做到长期饮食有度、保持身心愉悦的人是不需要昂贵奢侈的化妆品的，身心自会给予其最好的回馈。

人是情感动物，有时候随着境遇、心情、场合等条件的变化，也会偶尔通过喝点小酒、吃顿消夜来表达内心不同的情绪，这更说明了我们要在日常生活中保养身心的重要性。当我们的身体处于一个持续恒定的良性机能循环之中时，对于偶尔少量的放纵是有其"容忍度"和疗愈能力的。

四　拥有健康的身体需要保持觉知

为了保证身体各项机能的良性运转，我们要定期对身体进行"扫描"，像照X射线那样，去检查身体的细枝末节，让自己的身体保持觉知，我把它称为"内视"。扫描的方法有多种，可以自己进行，也可以寻求他人的协助，以此来发现身体方面容易被我们忽略的不适，比如眼睛不太舒服，腰有些酸，肩颈感觉有点紧，等等，发现这些问题，并找出原因何在。

传统中医学讲究经络和穴位，现代西医则更注重从实验和大量表征中得出规律性。但无论哪种方式，殊途同归，都有着同样的目的。

两千年前没有高新仪器设备的辅助，人们是如何精确地定位穴位的呢？

我觉得很大程度上就是通过内视的方法，敏感地觉察到具体部位的状态：紧张还是放松，淤塞还是通畅，流动还是堵塞？

李时珍游历万山、亲尝百草而作《本草纲目》，通过检视各种地方的不同药草在身体内的反应来鉴定药理药性，便是一个很好的"内视"例证。

定期的身体扫描会让身体保持轻松和健康的状态。

在内视时身体呈现的不同状况各有其代表意义，总结出来有以下共性：

手是脑的反应区，手部紧张极有可能源于脑部紧张。脸是内心状态的投射，脸部紧张代表着内心的情绪压抑。眼睛是注意力的表现，眼睛混浊很有可能是思虑过多而影响了注意力。肩膀代表着责任，如果肩膀不适，则有可能是承担过多。喉咙用于表达，喉咙不舒服可能是表达出了问题。腰最容易累积恐惧，腰不舒服通常是因为内心恐惧太多。愤怒太多则可能会导致牙齿不好或甲状腺不好，容易得甲亢。皮肤不好可能是由于一个人阴性能量的不足，通常是与母子/女关系有关。骨骼负责支撑，骨骼不好则通常是与父子/女关系有关。肠胃不好通常是由于过度焦虑或者进食过量。肠胃是消化的部位，承担太多就会消化不良。

以上所列举的这些对应关系并不是绝对的，只是大概率的情况。

身体是注意力的承载，所以花时间去了解、照顾、善待、善用自己的身体是很有必要的，因为它会陪伴我们一生，也会影响我们一生。

第 四 篇

Chapter 04

人生的全面蜕变——环境篇

成为自己的人生导师

念头是环境信息的累积，念头多了就会形成感受，感受累积成感觉，感觉牵引之下引发我们不同的行为，而行为又反过来在创造着环境，这是一个循环往复的过程。

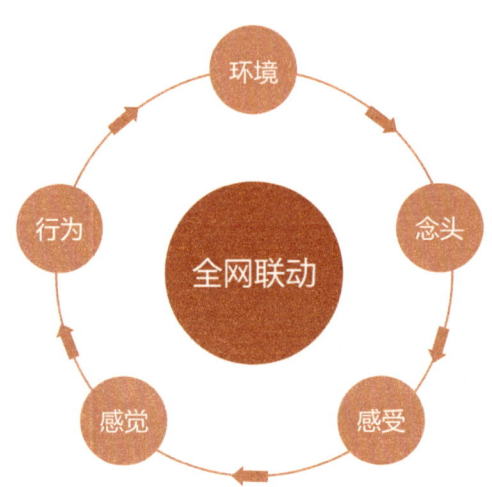

我们的大部分行为，都源于内在的感受或者情绪的上浮式路径，感受与情绪引导我们对外界做出反应，如果总是无意识，不懂得去更新或改变自己的行为，就会一直在旧有模式中循环，就无法创造出自己想要的新的环境。

比如，有些人一听到妈妈的唠叨，就会产生厌烦的情绪，整个人焦虑又紧张，时间久了，就会忍不住跟妈妈争吵。然而越争吵就越会引发妈妈的不安，进而演化为加倍的唠叨，与妈妈的关系就陷入了一个死循环。改变首先得从自己开始，如果阻止不了妈妈的唠叨，又无法抑制自己的厌烦情绪，母子/女关系只会越来越僵。

一旦我们察觉到环境对自己的影响，就要做出选择，选择的方向视情况而定。如果再次听到妈妈的唠叨我们内心首先生起的不是厌烦，而是站在她的立场上去思考唠叨原因，就有可能发现很多时候，妈妈的唠叨不是针对你，而是她内在的焦虑无法得到缓解；当我们看到一个人脾气暴躁、喜怒无常时，也不会再单纯地觉得是他性格有问题，而是去想：可能这个人刚刚经历了一些不愉快的事情，才导致了他有这样暴躁的表现。

环境是我们修行路上极其重要的考验与检验。只要一睁开眼睛，外部环境就会以不同的方式不断地向内输入，通过视觉吸收到的信息几乎占了90%，除此之外，它们还会经由听觉、味觉、触觉等感官进入我们的内心，每一个信息都会令人产生不同的起心动念。不管你有没有意识到，这样的输入一直在进行，无论它们多么琐碎和细微，都会对我们的念头、心情产生影响。

外在环境纷纷扰扰，内在世界千头万绪。

你有没有觉察：有时候到了某种环境，看到某个人，听到某句话，心情突然就变得低落了，相信这是一种很普遍的现象，但由于我们的无意识，常常就把这些经验忽略了。

事实上，这些都是环境在对我们产生着影响，而且是无意识和被动的，要摆脱环境对我们的负面影响，就必须对这些经验敏感起来，变无意识为有意识。

运用环境科学打造高品质场域

家中摆设往往是一个人内在的投射。

杯子放哪里、裤子怎么折叠、牙刷和鞋子怎么摆放等，其实都是人心理活动的呈现。心理有变化必然会在周边环境中有所体现。

一个人所处的环境由内心塑造而成，其内部世界也受环境的影响，两者是一种双向关系。房屋摆设可以反映出主人的性格和审美、期望。想要营造良好的环境，就要找到人与空间的关系，然后对之进行审视：哪些部分不利于我们与外界相处，哪些部分在帮助我们良性地表达？然后有意识地对环境做一些改变，相应地，我们的内在以及与人、世界的关系也会产生改变。

研究环境，只需记住五个字——形、意、气、场、运。

形（环境），就是我们能感知到的所有外在的部分。

意（脑），就是意动，是头脑产生的念头。

气（心），就是一个人指向外部的情绪和感觉，属于心的部分。

场（身），是指身体本身就是一个场域。

运（行为），是指一个人的外在言谈举止。

简单来说，我们可以将这五个部分视为一条一个人最终外在表现的道路，环环相扣。环境的变化引起意动，脑就会随之发生变化，而脑的变化又会牵扯内心，产生不同的感觉，身随心动，自然也会做出相应的反应，也即我们的言谈举止。

试想一下，如果一个人家里主卧的床头柜上凌乱无比，每每要用到某样东西就要翻找许久，就会让其产生不好的念头，而这种念头会影响他的身体反应，比如更易怒或是暴躁，进而会影响他的运，也就是具体的行为。

这也是我在本书中一再强调的：环境对我们产生着影响，而我们也在反向地塑造着自己的周边环境。

英国前首相丘吉尔曾说过："人造房屋，房屋造人"，就是在说环境科学，形会改变意，意会改变气，气会改变场，场会改变运，我们时刻都处于这种相互改变的影响之中。

研究环境科学的第一步，就是看形，形是美的、正向的，人自然会产生美好的感觉；如果形是杂乱的、负向的，人自然也会产生负面的感觉。

经营环境的第一步是清理，杂乱的环境非常消耗能量，让人意动，也就是对注意力的消耗，而保持环境整洁，把垃圾去除，使其变得有序，改变也会在环境一点点变好的过程中发生。

清理的过程也是通过规整物品来了解自己的方式，在这一过程中，你会发现，随着环境的改变，纷乱的内心也开始变得平和与清晰，好的环境带来的，是更好的自己。

环境清理还是对生活做减法的过程。物质丰富的现代人更需要将生活极简化。每天接收新的信息、建立新的关系、购买新的商品……我们用各种各样有用无用的东西将生活填满，无限纵容自己的欲望，不仅会挤占我们的生存环境，也会让内心超载。

睿智的人会让外部环境、物事为自己所用，而不是成为它们的奴隶。对环境做出清理，就是为内心收拾出一块空地，在思考某件物品对自己是否必需的过程中，也剔除了内心冗余凌乱的欲念。

这一过程会让人逐渐认清自己：原来自己在这些本不需要的事情上花费了那么多时间、精力！其实对自己来说，这个物品也没有那么重要的意义……以整理空间换取更宽广的人生，是一笔怎么想都划算的交易。

清理环境时，我们要思考的更多是自己到底需不需要。很多人在整理过程中，经常会想"扔了很可惜，还是留下来吧"，结果清理了半天还是很凌乱。不要舍不得，消耗自身能量的东西，一件都显得多余。

比起让一堆已经没用、没有价值的物品在占据我们的精力，分散我们的注意力，不如做一个彻底的分割。多不是我们努力的意义，精、适合才是达观人生该有的品质。

在我们的外部环境中，形、意、气、场、运处处可见。

广东人喜欢喝早茶，一般提供早午茶的餐厅都会在一个大的空间里摆放多张桌子，人们通常不会选择靠近过道的桌子，因为这个位置人来人往，上菜、收盘的服务员也会经过，吃饭、聊天难免被打扰，影响用餐体验。人们会更愿意选择靠近墙或有遮挡的位置，这是下意识的选择，人们并不会思考选择的原因，但我们要理解环境中的形、意、气、场、运，就要懂得背后的道理。

如果服务员开始上菜，将一个装满沸水的热水茶壶放在你旁边，茶壶嘴还正对着你，这并不是什么大不了的事情，但你的脑、心和身体在这样的环境下就会产生反应，可能会不停地想："热水会不会洒出来烫到我？"就在你这样想的瞬间，意就动了，内心有了情绪，身体也会发生相应的变化，比如，你会下意识地扭转茶壶嘴，或是往另一边侧身等。

如果当天你所点的菜品里有一盘放了一根长长的勺子，勺子刚好又放在你的正前方，这个勺子看上去有些尖锐，你几乎不会觉察到自己的内心又开始"动"了，这实实在在地影响着你对这间餐厅的看法、对服务员的评价以及用餐体验。环境对人的影响，就是这样每时每刻都在不经意地发生着。

又如，我们与人互动时嘴角是上扬还是向下，也会让别人对自己产生不同的感觉。再如，一间钟表行展示的钟表，时针和分钟基本都是指着数字10和1，看起来就像一个笑脸，这个形状会在无意间增加客人对这间钟表行的好感度。

环境科学讲究"呼形喝象"，也就是说，要改变内心，就要先改变环境，用环境的"形"来引导内心做出改变。

当我们看到一条叠得整整齐齐的裤子时，会生出一种整洁舒服的感觉；而当衣柜里的衣服到处乱丢，当我们想要找件衣服穿，不仅费时，找到的衣服也会皱皱的，让人感到很不舒服。整洁、有序、干净的空间会让人身心舒畅，不想离开。

每个表情、眼神甚至无形的情绪变化，都是形、意、气、场、运五者环环作用的结果，"牵一发而动全身"，境由心生，心随境转。

有些人住的房子，推开窗户就看到对面楼，如果对面楼的墙壁上遍布着空调管道，从"形"上看就像一条条爬虫，会让人产生不好的"意"。

我们喜欢鲜花开在阳台上的美好，但如果花朵开始枯萎，就要及时扔掉，不要犹豫。我们种花的目的是"以形养心"，如果"形"坏了，就要及时止损，防止它对心的侵蚀。

因此，如果家里有任何不再需要、坏掉、多余的东西，不要觉得可惜，要果断地做出断、舍、离。

改变外在条件能为心营造一个自由表达的空间，同样地，我们也要知道，心也会影响形，形、意、气、场、运之间的力是相互的。

比如有些人年纪轻轻就生出了白头发，每次照镜子看到白头发又会感慨老之将至。白头发这件事影响了他的心情，而他自怨自艾的情绪又反过来影响外在：在外人看来整个人充满了负能量。

从心理学层面讲，房间装饰品会对居住者产生直接的影响。比如卧床上方若挂着一幅画有眼睛注视前方的作品，身处其中的人或多或少都会有一种被注视的感觉。

我们要时刻敏感地觉知环境（形）带给内心的影响，小到任何细节。形、意、气、场、运，我们首先要对其有觉知，然后再去看到它们相互作用的关系。不同的形牵动不同的心绪，而不同的心绪也会反过来对身体和外部环境产生影响。

喝早茶时倾向选择的位置、家中挂画的内容、衣柜的整洁情况……生活中方方面面的小细节每时每刻都在经由感官影响着我们。

懂得了形、意、气、场、运的道理，就会了解影响我们心情的好坏是可以一点点找到其原因的，心情好，可能是因为经历了很好的"形"；心情不好，可能是上班途中看到了车祸、经过了垃圾场，或者看到一对夫妻吵架等这些不好的"形"所致。

生活中，我们要有意去规避那些会对内心产生不好影响的"形"，创造一些能够让人心生欢喜、愉悦的"形"。

对生活和周边的人、事保持乐观，最好不要经常皱眉，即使自己的心情一般，也要提醒自己微笑，因为你的微笑会感染到别人，从而影响你的周边环境，再反作用于你的情绪，这是相互的。当你感觉情绪低落时，可以有意地去做一些可以让自己产生好意念和好心情的动作。

比如在家中放一些番薯、南瓜之类的食材，最好堆放成"小山"的形状，让家里的"形"有一种丰收的感觉。和伴侣的生活用品不妨试着选择一些成套的，比如床被、枕头、牙刷、杯子等，这种成双成对的形也会在无形间增进夫妻情感。再比如在家里添置一台保险柜，会给人一种安全感。

不少办公室隔断材质都是玻璃的，四面通透会让人有一种豁然、积极的感觉，作为工作场所的环境设置就非常合适。

灯光会带动人的情绪，关掉灯，人也会跟着安静下来。所以办公室的设计要巧用灯光，自然光有白天和黑夜之分，但灯光不会，工作的时候保持场所的透亮，会让人保持积极的状态。

所有直线产生的感觉属阳性，比如当别人用手指向你时，会让你感觉很不舒服，但如果是握手或拥抱，手臂是呈曲线的，就会感觉舒服很多。

有些时候人会觉得某个地方有煞气，很多人觉得这是迷信，但在我看来有其一定的道理。一般让人感觉有煞气的场域气流较强，直线感也强，所以才会让人有这种不适感。直/曲线的能量场可以概括为以下两条路径：

阳性能量：直线——气流急——让能量快速释放。

阴性能量：曲线——气流慢——承载和锁住能量。

环境科学涉及方方面面，有形、意、气、场、运，有正向有反向，有积极有消极，有阳也有阴。我们要学会根据不同的需求来为自己营造好的环境：工作场所要阳一些，装修时可以多设置一些玻璃，灯光也要够亮；家是提供温暖和保护的场所，客厅主要用于家人间的交流，所以阳性能量可以强一点，光线也可以设计得相对亮一些，但不能过亮，也可以多打开窗户，这样可以让空气更流动，利于家人间的沟通；相反，卧室是相对私密的空间，所以最好设计成有包裹感的样式，不要有太多直线，营造一个阴柔的空间。

很多超市没有窗户，内部商品陈列整洁有序，多有直线感，光线也很强，顾客进去之后分不清白天黑夜，就会没有了时间概念在里面慢慢逛；而如果一个商场的气流过于急促，又有很多窗户，那么流动感和窗外的影响就会不时分散着顾客的注意力。

有时间大家可以做一个观察实验：看看生意不好的商铺门前的车流量是不是很大，而生意好的商铺是不是处于一个包围的环境，气流慢，能很好地聚集人气。

如果房间很大而内部东西很少，空旷的空间气流流动强，阳气也会变多，人在其中是无法安静下来的。

如果家里的直线设计太多，比如门对门、北阳台对南阳台，这样的气流在客厅是不错的，但如果卧室也是这种布局就会让能量流失，不利于休息。

可以看到，生活中很多小细节，比如工作的地方、平时出入的地方、休息的地方，以及光线的强弱、气流的大小、空间的开合等，都有其一定的环境科学属性，只要对这一个个小的方面做出改变，就会对人形成较为重要的影响。

⊜ 万物皆太极

万事万物如太阳与月亮、天与地、明与暗、高与低、快与慢、前与后、曲与直、左与右、东与西、黑与白、男与女、强与弱、动与静、虚与实、冷与暖……几乎都处于太极之中。

一个人就是一个太极，每个人体内都存在两股能量，阳性能量和阴性能量，只是每个人的呈现不一样。有些人阳性多于阴性，这种类型的人相对比较理性，为人处世更为干练阳刚，逻辑思维较强，但缺乏感性。而有些人偏重于阴性部分，这一类型的人相对比较感性，表现出柔和的姿态，也更包容，但理性思维和逻辑能力则会相对弱一些。

"天行健，君子以自强不息；地势坤，君子以厚德载物。"语出孔子《易传》中的《象传》。这是对乾坤两卦物象的解释，大概意思可以理解为："君子应像天的运行那样刚劲强健，生生不息；应像大地那样宽仁厚德，包容万象。"如果将之与人之间的两种能量做类比，自强不息对应理性思维，属阳；厚德载物是一个人的情感部分，属阴。阴阳和合，才能塑造出健全的人格。

一个团体也是一个太极，比如家庭。大部分夫妻呈现出来的是一阴一阳的互补关系，如果丈夫比较阳性，那么妻子就会阴性一些；如果丈夫更具理性思维能力，妻子则会偏于感性。很少有夫妻二人都属阳性或阴性而又能长久维系婚姻，因为能量没有办法得到平衡。当然不排除个例，但具有同样能量磁场的夫妻，往往需要花更多的心力去经营两人的感情与家庭。

在婚姻中，夫妻双方要懂得两人的关系太极状态并适时做出适当的调整，如果伴侣偏阳性，那么自己就要感性一点。如果夫妻二人都很理性，可能亲密关系中就会少了一些温情的色彩，更像势均力敌的同伴、战友，而不是爱人。相反，如果夫妻两个人都较为感性，两人间的阴阳失衡可能会导致外来阳性力量的进入，比如多了一个比较强势的长辈来干涉他们的生活，但这种外部力量的介入有时并非有益于两人的婚姻状况，有可能使夫妻二人关系达至平衡，也有可能产生新的矛盾。

亲子关系中，父母也要根据孩子成长的不同阶段做出阴阳比重的调整。在孩子小的时候，可能更需要的是父母阳性的力量，因为他们还未建立起独立的思维和认知，需要父母的引领，需要从父母那里获取安全感、经验、知识等，当然这并不是说情感不重要，只是比例大小而已。当孩子慢慢长大，开始有独立思考能力，这时父母就要变得柔软一些，因为这个阶段的孩子通常呈现更多的是阳性的部分，且比较冲动，对事物的认知也相对不那么深刻、全面，需要父母的阴性能量来平衡。

一家运营良好的企业同样需要阴阳两极的平衡。相对而言，领导是偏阳的，所以下属会对领导依赖、听从，在领导面前展现更多的是阴性的部分。作为领导，与下属或者具体负责执行的人在一起时，就应该表现出权威和决策力。而作为公司的管理层，要学会观察和协调团队的能量，阴阳搭配得当，才能把团队的力量凝聚成一股绳，发挥出团队的最大价值。

万事万物皆处于太极之中。

有些人喜欢表达，有些人喜欢聆听。表达是阳，聆听是阴，阳阴并无孰高孰低，有时候需要的是表达，有时候则更需要聆听，一味地表达会让人感觉强势，更容易陷入主观自大；总是聆听会给人以软弱的感觉，容易没有自我，两者协调、平衡互补才是一个人最好的状态。正所谓"孤阴不生，独阳不长"，太极由阴和阳两极和合而成，阴中有阳，阳中有阴。所以我们在社交场合中要学会观察，观察别人，如果对方过于强势，自己又想维持礼貌，就要表现出相对阴柔的一面；如果对方因为惧怕表达而陷入局促不安的状态，我们就要主动寻找话题，以此来化解对方尴尬的处境。这是一种处世技巧，如果能够善用，自然会赢得他人的尊重。

1. 观太极、创太极、涣太极

太极生两仪，两仪即这里说的阴阳。我们要想在万事万物的太极两仪中做到平衡，需要三个方面的努力，第一步是"观太极"，即观察周围的环境、人、自己。

第一，观察环境。比如家里的布局是过阳、过阴还是阴阳平衡的状态？对家庭环境形成判断和评估：阴或阳各占几分，各体现在哪些地方？

第二，观察人。观察一个人是感性的还是理性的，如果他脑部的思维逻辑更强，那么这个人就是理性的，偏阳性；如果他更在意心或身的感受，则代表他是感性的，偏阴性。

第三，观察自己。观察检视自己正处于哪种状态，阴阳和合还是理性居多？抑或以阴性力量主导下的感性成分为主？

学会观察，就是要观察自己、人群、时空、时间的太极，可以是当下的状态，也可能跨越时间或空间。有些情况当下就可以感受得到，有些时候则需要时间、空间的发酵。通过观察，我们可以知道，早上和晚上的太极是不一样的，家中的太极与公司的也不一样，独处与聚会时我们也会有不同的表现。

学会了观太极，就可以进入第二步去"创太极"，创太极就是当我们观察到自己当下的太极过阳或者过阴时，及时做出相应的调整，让太极平衡和流转起来。

一个人，白天需要大量用脑工作，思路、思维也会更清晰、更具目标性一些；而到了晚上则要放松下来，让身、心、脑得到休息，这个时候我们就可以用一些阴性的力量来平衡自己的太极，比如听一些柔和舒缓的音乐，逗逗宠物，或是与爱人或孩子闲聊。我们要学会判断自己不同时间段的状态，根据判断再进行不同程度的调整。

比如在一家企业里，如果老板过于阳性，就会表现很强势，这种情况下员工表现就会偏阴性一些，偏顺从、执行而非独立创新。如果老板对自己的太极有所了解，就要学着"装糊涂"，适当释放一些阴性能量，鼓励员工表达，听取他们不同的意见、给予其更多的发展空间和展现机会，从而让公司的太极得到平衡的运转，整个企业更具创新性和创造力。

创太极的前提就是要保证注意力的高度集中，高度集中的注意力不仅能让一个人时刻对自己的太极状态保持敏感，还会根据不同的状态做出正确的判断，从而有能力去调整自己和周边环境的太极。

每个人都拥有一个太极，白天阳性能量居多，到了晚上就要让头脑得到放松和休息，时刻觉察和调整自己的状态，让太极平衡运转。当与他人互动时，自己与所处的社交环境之间也会形成一个新的太极，要学会根据不同的人、场景和时空做出相应的调整。

不管是一个人还是一个团体，如果要形成太极就需要协调阴阳两仪。有些人的婚姻出现了问题，就在于婚姻的阴阳两仪没有协调好。可能当两个人刚步入婚姻时，彼此不管在事业、认知、金钱等方面都是平等的，两人的太极也是阴阳平衡的，随着一方在工作方面不断进步，一步步获取成功，阳性能量也在逐步增长，而另一方如果没有足够的能力调整自己的阴性能量去承载伴侣与日俱增的阳性能量，彼此的距离就会越来越远，关系慢慢失衡，婚姻就会出现问题。

任何关系都处于动态平衡之中，因为没有一件事情、一种环境是永远不变的。一个很成功的男性企业家更倾向于寻找一位家庭观念比较重的女性作为伴侣，因为孤阴不生，独阳不长，阴阳合则万事生。如果他的伴侣也是一位充满阳性能量的事业型女性，要么就需要其中一方做出妥协来平衡两人的阴阳，否则关系将会很难维系。

任何关系都需要用心去经营，可能刚恋爱时还会迁就对方或是放纵自己，但要想维持亲密关系、婚姻关系的稳定，就要学会观察、分析。如果一方在事业上有所成就并且享受其中，那么另一方就要在情感方面做出调整，比如适时创造与前者沟通情感的机会，多通过触感、拥抱等方式连接彼此，给予适当的关爱，这样才能保证家庭的稳固和亲密关系的长久。而如果不懂这些，看到伴侣的成功，自己反而更用力于自身的工作表现和成就，想要以此达到"势均力敌"的状态，那么两人的关系可能越来越陌生、越来越疏远，甚至演化成相互抱怨。

相信任何人都不想要这样一种相互较劲、相互抱怨而又陌生的家庭生活和亲密关系。正如前文所述，婚姻是一个统一体，荣辱相伴、休戚与共，而不是对手、搭档或是其他任何等级关系，能够进入婚姻的前提就是两人间的平等。所以，作为婚姻中的任何一方，都不要抬高或贬低自己在这段关系中的地位，做出调整保证太极的平衡也并不是要让一方忍让、妥协、割舍甚至牺牲。婚姻应该是一个人寻求温暖、安全感、庇护、疗愈的地方，挣更多钱、有更高社会地位的一方也同样从中受益。好的婚姻状态是相互理解、相互配合、互为渗透和补充的，正如太极中的阴阳两极，和合与共。

婚姻是两个人的集体，家庭也最多不过几人，在这样的关系中都要时时关注阴阳的平衡，何况是当我们进入更大的集体之时。比如当我们身处学校、团队、公司乃至社会时，就更需要敏于观察，勤于调整。

一个强势、过于独立、过分自信、高高在上的人是很难吸引别人接近的。大家可能会想：他那么强大自信，根本不需要我的帮助；他那么高傲，我何必去自讨无趣；既然他那么自命清高，我又何苦去打扰……正如生活中阳光、雨露都是必需的，一个表现出过多阳性能量的人很有可能吓退、灼伤他人，于人无益，于己更是一种伤害。而一个懂得示弱、懂得承认自己的不足和表达自己需要的人则更具人格魅力，人们也会更愿意接近，因为他所释放的能量，是柔性、开放、亲和且充满善意的。

说话和表达是阳性的，而聆听则属阴性，表达当然是必要的，但如果我们知道了它的阳性属性却不加以节制、控制，只会落入自说自话的境地。观察是为了更好地了解，从而做出更有效的调整，阴阳亦是如此，阴性是为了平衡阳性柔性的不足，而阳性则是为了凸显阴性决断方面的欠缺。

"难得糊涂"也是阴性能量的呈现，还能为我们赢得获取更多信息的机会。试想，如果一个公司的领导在项目会议上夸夸其谈，不给下属任何表达的空间，那么他就永远不会意识到自己的方案哪里存在着不足。而如果他懂得聆听，带着询问的姿态去倾听团队其他人的想法、意见，那么最终形成的方案必然更趋于全面。

有时领导指责下属做得少、不够努力，对公司、对项目没有贡献，但也要懂得反省：真的是员工不愿意做，还是自己没有给他们做事情的机会？是他们真的没有想法，还是自己在无意之间压抑了他们的表达？

一个懂得"装糊涂"的人姿态是谦卑的，但谦卑并不代表无能，而是为别人、为自己创造了更大的空间、更多的机会。谦卑之下人能获取更多的信息，格局、眼界就会变得越来越大。

在某些行业中已经取得一定成就的所谓"专家"有时会很难接受别人的意见，过于墨守成规，然而很多时候我们身处其中很容易一叶障目，局外人的见解、看法反而会更客观、理性。如果一个人认为自己的经验和学识已经达到天花板，不再、不愿也不想听取他人的声音，那么极有可能他就是那只井底之蛙，看到的只有井口大的天空。

在心理咨询中，咨询师引导式的提问非常必要而且有效。一些咨询师单凭来访者一面之词就快速做出判断、给出建议，甚至以救赎式的上帝视角滔滔不绝，主观自大、自以为是并深以为然。作为咨询师首先必须有这样的职业道德：给出建议的前提是尽可能多、尽可能全面地掌握来访者的信息，如果仅凭只言片语就给建议，无异于让别人去冒险，在我看来是极其不负责任的做法。

咨询师要尊重来访者，关于事情的始末，要鼓励来访者有自己的表达。

这样做一方面可以获取更多来访者视角的事件信息，是让来访者表达的过程；另一方面也是一个来访者释放内心情绪的过程，在自我表达中，他才更有可能是开放的、坦诚的。

真正聪明的人不在于讲得多，而在于懂得聆听。谋定而动，知止而得。如果一个人想要有一定的权威，就必须自己先强大起来，而聆听往往就是一个不断吸收信息、提高能力的过程。

观太极，不仅是指要反观自己，还包括观察他人以及环境正处于什么状态，然后才能根据对当下状况的判断和需要去创太极，用脑的阳性能量去引领心的阴性能量，或者用心的阴性能量去承载脑的阳性能量，营造出一个自己想要的太极。

通常情况下，女性能量的本质属性多表现为曲线，男性能量的本质属性则更多地表现为直线。

在中国传统文化的认知和审美意趣方面，女性审美多为阴柔圆润，衣着打扮也更偏向于温暖、平和、细腻的质感，比如毛衣、裙子、丝绸等；而男性审美则相对会有更多的直线特征，比如笔挺的西装、棱角分明的脸庞，挺拔魁梧的身形、铁骨铮铮的气魄等。

正如心与脑的矛盾统一，两性之间的关系也是如此，有着明显的本质区别和不同的特征表象，但又异性相吸，互为补益。

所有直线如果想要汇聚能量都要产生弯曲，而所有的曲线，如果没有直线加以引导，也不能达到纵向的深度，所谓物极必反、事缓则圆，没有绝对的对立，万事万物都是处于动态的平衡之中。

观太极、创太极之后，才是第三步的"涣太极"。涣，即涣散、解除的意思。当一些具有负能量或是严重失衡的太极已经存在了要怎么办？这时我们就要学会涣太极，即去化解这些不好的太极。

生活当中有一些关系的状态我们并不想要，比如有人结婚后与原生家庭还存在着千丝万缕的关系，新的家庭和原生家庭就形成了一个太极，在这一关系太极中，父母对新组建家庭的过分干预、过多干涉都会让两个家庭间的关系失衡。要想彻底改变这一状态，就要破旧立新，打破固有太极，建立新的、融洽平衡的太极。

再比如在很多企业中，员工会在有意无意间形成一个个小团体，每个人都有在集体中寻找归宿的需要，但这种"各自为政"的局面就会增加管理难度，这时候管理层就要懂得去打散现有的太极，比如多调配一两个不同能量的人进去，从而巩固员工与企业之间太极的平衡，增加员工对公司这个大集体的认同感、归属感以及黏性，而不是在一个个小团体内"各自为政"。

太极是由阴阳两仪共同形成的。正如中国风水学中所说的：易有太极，是生两仪，两仪生四象，四象生八卦，八卦定吉凶，吉凶生大业。万事万物的好坏皆由太极中的两仪而来，所以阴阳两仪之间的关系尤为重要。阴的作用在于承载、锁住阳的能量，阳则更多表现出推动、创造的力量。两者相互制约、相互消长，当阳盛则需要阴的补益，阴盛则需要阳的调和，从而推动小至一个人、一个家庭、一个集体，大至社会、宇宙的向前发展。因此，要营造出一个适宜自己的太极，我们第一步要做的是观太极，去观察阴与阳之间的关系，找到不平衡的部分；第二步是创太极，学着去创造有利于我们的太极，并维持其平衡运转；第三步是涣太极，要敢于打散已经失衡的太极。

2. 性别异化

一天有黑夜白昼之分，人有男女不同，而每个人身上也都存在着阴与阳这两种能量。一般情况下，大多数人会认为女性的呈现多为阴性的表达，而男性则更趋于阳性能量的释放，这些是基于两性层面而言的。具体到个体，随着成长环境的不同，每个人在各个阶段都有着学识、见解、经验、认知等方面的不同，从而形成不同的阴阳表达，也即"性别异化"。

首先我要申明并强调的一点是：这里以"性别异化"来形容一个人的阴阳表达，即女性身上有着强烈的阳性能量，男性身上有过多阴性的呈现。这样说一方面只是一种类比，另一方面也是考虑在现有经验、认知基础上更易于大部分人有清晰、直观的理解，并无任何高低贵贱的贬损之意。

通常情况下，我们对母亲的态度在很大程度上代表了我们对女性以及自己身上女性品质的态度。当与母亲有对抗时，可能我们也在无意识地对抗着自己身上的女性品质。

如果一个女生跟妈妈的关系不好，在社交场合中她也会比较少与女性建立联系，或有意无意地隐藏自己的女性品质，所以有些处于叛逆期的高中女生更易于与男同学交朋友，穿衣打扮也会相对更中性一些。

同样地，从一个人对父亲的态度也可以看出他对男性的态度。如果一个孩子从小由母亲带大，长久生活在父亲缺失的环境下，那么他即使是男生，也会在方方面面表现得更为阴性、女性特质多一些。

每个人都有选择如何度过一生的自由，但我们懂得了其背后的道理后，会更容易理解出现"性别异化"的他人或者自己。

在家庭之中，大多数情况是爸爸在外工作，妈妈负责家庭部分。妈妈带孩子会非常细心、充满关爱，但孩子的周围也会因此以女性居多：幼儿园、小学的老师基本上都是女老师；妈妈的朋友也是女性；妈妈经常去的地方也以女性居多……长期生活在这样的环境中，孩子在行为、表达方面难免会阴胜于阳，女性品质多于男性品质。

一个人的阴阳两仪是否能够得到均衡发展，认知行为是否与自己的性别一致，关键期在于12岁之前。"幸运的人用童年治愈一生，不幸的人用一生治愈童年"，对于大部分人来说，童年的影响都是深刻且伴其一生的。

正如前文所述，"性别异化"并不是说它是具有负向、负面影响的，我越来越感觉到，当今社会，阳性能量偏多，可能更需要的是阴性能量的平衡。人们更在意的是情感交流，是体验感，而女性天生在这方面有优势，而且女性还天然有一种获得别人共情的能力。每个人或多或少都会有异化的表现，但如果一个人整体表现都与其身份、性别不一致，很大可能会给自己招来异样的眼光以及价值、审美审判等。

一个人过度的"性别异化"大都与其童年家庭生活环境有关，如果父母的关系和谐融洽，给予其的爱是全方面的，那这个人大概率是不会有"性别异化"的问题的。相反，如果父母关系非常糟糕，那么他会判断：父亲对母亲的方式有错或是母亲对父亲的方式有错，无论是哪一种，都将是一个人"性别异化"的诱因之一。

懂得了这些，我们就可以更理性去观察自己的婚姻、原生家庭的结构。大概率情况下，人们不会选择与自己有相同阴阳属性的人作为伴侣，这是人们需要阴阳平衡的本能。

有些婚姻出现问题也是由于亲密关系中阴阳能量的失衡。正如前文所述，任何一组阴阳关系都处于一种动态平衡之中，初入婚姻一切都是新鲜的，自然会"有情饮水饱"，但当其中一方在事业上越来越成功，而另一方不去调整自己的能力、寻求能量来维持两人间太极的平衡，反而自怨自艾、怨天尤人，就极有可能导致伴侣的厌烦，两人也会渐行渐远。

生而知之难，一个生来就完全和谐的人不常见，但学而知之，这是可以通过自身努力达到的，也就是说，一个人是可以通过后天努力、调整来达到自我平衡的。

第 五 篇

Chapter 05

人生的全面蜕变——灵魂篇

成为自己的人生导师

我们修行到最后，其实都是为了回归我们的灵魂、回归我们的注意力。注意力对一个人来说极其重要，它可以说决定了我们成长的高度和生命的品质。

什么是注意力？普遍的理解是指一个人的心理活动指向和集中于某种事物的能力，也即全神贯注、全情投入的能力。而这里所说的注意力，指的是掌控脑、心、身的更高维度意义上的能力，也就是我们经常所说的灵魂。

注意力像一道纯粹的光，代表每一个人的初始状态。

人们刚来到这个世界时就像一台刚出厂的手机，除了维系身体正常运作的功能外，内心如一张白纸，是纯净的、无是非对错判断标准的，我将之称为先天之心，先天之心天然拥有着非常美好的品质，比如它自带安全感、宁静感、满足感、真实感、自主感、愉悦感。

身体是灵魂的殿堂，先天之心则是灵魂的倒影，因为先天之心的纯粹，所以能映照出一个人所有最本真、质朴、初始的状态。

初始状态下灵魂与身心是同在的，每一个新生儿呈现出来的就是这种状态，他用清澈的眼睛看世间万物，用纯真的心去与世界连接，他不会去分析、比较和判断，没有二元对立，而是混元合一的，也是全然开放的。

随着时间的推移，宝宝一天天地长大，父母，身边的人、事、物，丰富的环境，都会输入大量信息进入他的脑、身、心。经历的事情越来越多，思维、情感越来越丰富，当然也避免不了一些创伤在身心累积。

装载的东西越多，注意力的光芒就会越弱，许多外部的事物、纷繁的念头和内心的情绪不断涌现，注意力被这些信息一点点地笼罩，变得越来越涣散。

久而久之，我们以为生命就是我们的头脑、心或者身体，我们会让它们去主宰生活，头脑让我们以目标为导向，不断向前奔跑，去赚取更多的物质和财富，而心总是会在不经意间浮现不同的感受，焦虑、悲伤或者恐惧在左右着我们……身体也会在长年累月的向外索求中过度消耗而感到疲惫不堪。

乌云当空时，太阳光就会被遮挡，注意力也是如此，一切心念物、事都会像乌云一般遮挡着注意力，于是它没有办法再成为身、心、脑的引领者，我们会迷失在头脑纷繁的念头中，深陷情绪之中无法逃离，身体的病痛不适也会分散一个人的注意力。

当注意力不在，很多时候我们会觉得事业、房子、车子、漂亮的衣服、奢侈品等这些外在的东西是我们所需要的，但如果注意力回归，帮助我们链接回自己的先天之心，我们会发现这一切不过只是身外之物，能有固然可以锦上添花，但并不是"刚需"，过分执着反而受其所累。

> 人生就像一场漫长的旅行，途中有各种各样的风景，会遇到不同的人，道路有崎岖也有平坦，去体验、去经历，才能真正体会到人生之旅的意义。如果我们执着于追逐外在的事物，不仅让人生困于"眼前的苟且"，同时会失去与先天之心的链接。只有让注意力回归，重新链接自己的先天之心，才能链接到无穷无尽的能量。

《心经》中说："观自在菩萨，行深般若波罗蜜多时，照见五蕴皆空，度一切苦厄，舍利子，色不异空，空不异色，色即是空，空即是色；受想行识，亦复如是。舍利子，是诸法空相，不生不灭，不垢不净，不增不减。"其中所说的"心"，我认为就是先天之心，而"不生不灭，不垢不净，不增不减"也即先天之心的品质。

"我是谁"是一个很难一下子给出答案的问题，但若非要给出一个答案，可能很多人会说："我是记忆、知识、能力、证书、身高、体形、喜恶、地位等共同营造出来的。"头脑还会对身份有很多描述："我是谁的爸爸、谁的妈妈、谁的女儿、谁的儿子；我是老板、员工、老师、男人、女人……"内心则会从情感、感知层面进一步说明："我有很多的感受，快乐、温暖、焦虑、紧张、愤怒、悲伤、自卑……我是一个幸福的人、不幸的人、成功者、失败者"等。

这些都是也都不是。说是，是因为这些是我们展现给外部世界或是外部世界给予我们的标签；说不是，因为这些不能代表我，只是我的一部分。

但很多时候我们就是以这些标签来塑造和表达自我，通过各种方法让自己更符合这些标签，但终有一天你会发现，这些只是你的一部分，而不是真正的你。真正的你，是注意力，是一道光，是无极限的，是可以做主的。但真实的情况是，外围的这些已经失控了，它们把自己变成了"主人"，让我们忘记了真正的自己，情绪代表着我们去起反应，脑代表着我们去做决定。

我们要让注意力回归，那才是真正的"我"。

你能看得见的东西都不是永恒的，所有的东西都是太极，都可分阴阳，能分阴阳的东西都不是永恒的。

万事万物万念都处于成住坏空的循环之中，它们也都不是永恒的，这世界本就是在二元对立的推力下不断迭代前进，迭代就意味着会有消亡，就会有二元分割，就像太极的阴阳两极，阴阳会此消彼长、会失衡、会分离、会消散。

身体在形、成、盛、衰的过程中，是可分割的，脑海中的记忆、知识、信息也在不断地浮沉聚散，也是可分割的，感受始终处于喜怒哀乐的因循往复之中，同样都是可分割的。

真正不变的只有"我"，只有注意力是无形的，就像一道光一样不可分割，既不属于阴也不属于阳，没有二元对立也就跳脱出了成住坏空的轮回。

外部世界有很多标签可以形容一个人，身体、情绪、知识、身份……但我们要对之警醒，不能因此就忘了真正的自己，也不能只活给外部世界看，忘了内在，忘了真我。

注意力在线，就会时刻提醒我们什么才是最重要的，及时引导我们在当下活出真实的自己。

● 注意力三大特征

注意力的第一个特征是"永恒不灭"，一个人不管处于什么状态，健康、生病、活动、休息……注意力都在，注意力的能量是永动的，不间断的。

　　想象一下，当我们忙碌了一天回到家中，整个人瘫软在沙发上，身体几乎是静止的，但注意力却很活跃，一会儿在客厅的某个摆设上、一会儿在伴侣的某个行为上、一会儿又会回想起白天的表现、一会儿又被正在玩耍的孩子所吸引……注意力就像阳光，有时可能会被乌云遮挡，但绝不会消失。

　　几乎世界上所有东西的运行都靠力的推动，手机运作需要电池、汽车需要汽油、身体需要食物、万物生长需要阳光。只有注意力是不需要任何其他外力推动的，而是自然而然、生而有之的。

　　注意力的第二个特征是活泼，固态物体是不具备活泼性的，水比冰活泼，空气又比水活泼。正如上文所说的，我们回到家后注意力在不停的人、事、物上"跑来跑去"，总是飘来飘去，比空气更活泼。

　　因此，在注意力非常活泼的情况下，一定会找寄托，这也是注意力的第三个特征。

　　我们的注意力一刻都不会闲着，它看花、看草、看人，忆往昔、想未来，聆听、阅读、表达……但它的活跃总要有客体所寄宿。

　　同一时间，注意力只能寄托于一个地方或一件事情之上，如果专注于欣赏音乐，就不可能再有余力去读书。我们在餐厅享用美食时也会忽略周边的声音。注意力对专注和集中的要求这么高，在信息纷飞的时代，我们该如何让注意力回归，让自己专注于当下的具体人、事、物之上呢？

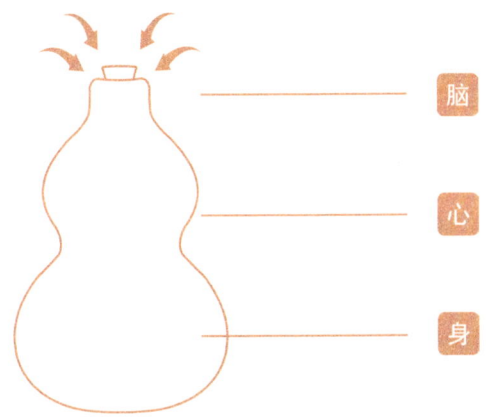

　　如图所示，假如将人比作一个葫芦，那么，葫芦嘴对应脑，上部小圆像心，底部大圆则更像身体。脑是所有信息的进出口，用于分析、理解、判断、思考、筛选……信息通过眼、耳、鼻、舌、身进入脑中，脑经过分析、判断和比较后进行过滤和筛选，有些信息为脑所接受就形成了我们的想法，有些信息脑不认可，就会为我们所排斥。如果一些信息脑特别喜欢，它就会不断重复，想多了就会对我们的行为和周边有所影响，正所谓"念念不忘，必有回响"。

　　而心就没有分析能力，更像是一个容器，它的特点就是接收。脑给了什么念头，它就会产生相应的感受；身体则是一个更大的容器，心的感觉积累下沉，就成为身体的感觉。

　　所以，人这个"葫芦"里究竟装着什么？装的都是头脑的念头、心的感受和身体的感觉，承载最多的是身体的感觉。

　　由始至终，注意力都是脑、心、身体的指挥官，注意力专注于任意一部分，那一部分的功能就会被启动。

　　当注意力在脑，脑就发挥其分析和判断作用，对外部信息进行筛选；当注意力不在时，脑也就处于"休眠"的状态，就像出入境处没有值班人员，任何人都可以自由出入一样，信息也会长驱直入或者长驱直出，杂念纷飞。

　　当注意力和脑同在，产生的就是专注力，就能帮助我们对信息进行分析、判断和比较。当我们与他人互动时，如果注意力与脑同在，就能通过脑的分析功能去看到很多的信息，譬如这个人叫什么名字、从哪里来、说了什么，穿衣打扮、言行举止怎么样，等等。

　　当注意力与心在一起会使人敏感，代表着吸收、承载和接纳。比如当我们与他人交流时，如果注意力与心同时在线，我们就会对这个人所散发出来的一切信息敏感，比如他是温暖的、和善的、有学识的、伤心的等，从而在交往中做出更有利于双方的决定。当我们在商业谈判中能够做到注意力和心在线时，就能觉察到对方内心的诉求和底线，从而做出更有价值的判断与决策。

日常生活要求我们有切换心脑的能力，该用心时用心，该用脑时用脑，而注意力就是这种切换能力的来源。注意力在线，就能在芜杂的信息中做到去伪存真、去粗求精，看到事物的本质，否则将会迷失在纷乱复杂的信息之中，无法做出理性、客观的判断。

大多数人在现实情况下却很难做到这一点，总是时不时地走神、游离、恍惚，常常事倍功半，浪费了大量的时间与精力，有时候甚至事与愿违。真正地活在当下，活出生命的品质，是注意力在线，然后有意识地去感受当下的状态，把当下活好。

人们常说要"活在当下"，其实真正地活在当下就是注意力在线。很多时候人们认为所谓的活在当下，就是要去感受当下，仿佛只有用心感受时才能回到当下，其实真正地活在当下，是根据不同的情景做出正确的选择，需要放松的时候就放松，需要专注的时候就专注，每一个当下都是有意识的，只要注意力在线，就是活在当下。

有些人会以偏概全地把活在当下理解成只有一个维度、一种方法。比如有人会通过冥想"制心一处"，让内心回归澄净的状态，以此来活在当下。

当我们了解了注意力的三大特征，就不会再想要借助一种方法回到当下，而是在日常生活的各种细节中寻求注意力的回归。在生活中有意识地去找到一个寄托对象，让注意力有所寄托，比如一个工作计划、一本书、一次约会、一场演讲……

我们可以把注意力回归的过程比喻成对小狗的训练，一开始它都不会太乖，只是想让它安静坐下它却总是跑来跑去，这时候我们就会把它抱回来，走远了再抱回来，再走远再抱回来……如此反复多次，直到小狗被驯服。注意力的养成也是如此，多在生活细节中加以练习，渐渐地你会发现，自己已经在不知不觉中拥有了在任何事情上灵活自如地掌握、调动自己的注意力的能力。

所以活出生命本质、活出自我的第一步是保持注意力的在线。第二步，是学会用结构去聚拢、安放注意力。

只要我们对周边事物保持敏感的觉知，任何一件小事情都能吸引注意力的停驻，喝水、洗澡、说话、走路、吃饭、装修、插花、制订计划、做家务、陪伴家人……专注地去做每一件事情，敏感地体验每一个当下。

保证生命质量还需要我们经常连接自己身体的各个部位，感受你的呼吸、触碰、声音，感受身边的物品，从而让注意力回归，起心动念皆是修行，利用好生活中的每一个细节，把握好每一次经验，都不失为一次好的人生体验和对人生价值的践行。

二　迷失的注意力

注意力在线时能够对自己的身体、脑和心进行准确有效的判断和指导，也即我们所说的真正"活着"的状态。反之，如果注意力不在线，我们就会被"锁"在脑、心或者身体某一个部位，某一种情绪里面，人只会下意识地跟着念头、情绪或者感觉走。

大家不妨试着观察一下自己的状态是"活着"还是被"锁着"的。问一下自己：你在哪里？

也可以通过日常生活中的事情来检视自己：比如你制订了一份非常详细的工作计划，并认真地去完成了它，你就是"活"在脑的状态；如果你每天胡思乱想、千头万绪又没有主心骨，这时的你就是被"锁"在脑的状态；当你与朋友在一起时，如果能敏感地感受到彼此间的关心和温暖，这时你就是"活"在心的状态；当你与伴侣吵架后沉浸在不好的情绪之中，这时就是被"锁"在心的状态。

很多时候，人们处于被"锁着"的状态而不自知，被感受拉着走。这种被动地前行可能会使我们离目标越来越远。

如果一个人理性思维特别强且身、心的能量都是积极正向的，那么，跟着感觉走就是可取的。但如果一个人本来就偏感性，又正好处于不好的、负向消极的身心状态，那么就要有所警醒：不能跟着感觉走丢。

装修盘古树下属一家中心的时候，我想请画师来作壁画。第一个画师是涂料公司安排的，从下午两点到傍晚六点，用了四个小时，他就完成了画作，但当我看到"成品"后，觉得无论是大小、颜色、明暗还是内容和表达都与设想的相去甚远，我跟画师说："师傅，这个与效果图不符啊，我要的是设计图上的这种感觉。"画师说："怎么会不对，我只是根据感觉发挥了一下，比如这个叶子要扩展一些，那朵花要再绽放一点。"我继续说："我要的是设计图上的效果，那朵花是不需要打开的，树叶里面有透光的部分，还要画出阴影。"但后来无论我怎么说，他的回答大概都只是："我感觉这样挺好的。"

一番沟通后，他见仍然不能说服我，忍不住说："我画了36年的画，一直都是这样画的，很少有人提出异议。"36年意味着什么？有些人的一生都未必有36年，而如果36年的从业经验再加上之前的学习，那是更长的一段时间。时间是把双刃剑，它可能会把一个人"打磨"得越来越润泽通透，也有可能把一个人"锁死"在自己刻板、僵化的自我感觉中，拒绝改变与创新，在固有的经验和认知体系中不断重复。

我们要清楚，很多时候感觉是具有很强的欺骗性和麻痹性的。比如企业为客户提供服务，服务水平如何不能靠企业相关负责人员的感觉，而应该是客户的反馈。借用之前网上流行的一句话来表达客户心声："我不要你觉得，我要我觉得。"智者会通过搜集多方信息来判断和检验自己、事情、他人，而不是主观臆断或偏听偏信。

很多人开车从来都是凭感觉，也不会去想怎么开才能更安全或者更节能；有些创作者跟着感觉走，时代变了，自己的作品不再受到认可，他就会开始自我怀疑了。

一个敏感的人时刻都在身、心、脑之间做切换。感觉对的时候跟着感觉走，比如在菜市场里卖了一辈子菜的阿伯，用手一掂就知道菜几斤几两。但凡我们有任何一点对自我感觉的不确定，就不能听任感觉的拉扯。比如一名实习医师，临床经验非常有限，如果这种情况下还是跟着感觉走，很有可能会酿成无法挽回的大错。

注意力在线是我们能敏感觉知自己的状态是"活着"还是"锁着"的前提。还要对自己进一步追问，"活"在哪里，又被"锁"在什么地方？然后才能根据实际情况做出调整。

外部信息由脑入心至身，形成一个人的念头、感受和感觉。如果一个人是"锁着"的状态，脑失去其甄别筛选的功能，所有正负面信息一股脑儿涌来，情绪翻飞，会导致一个人做出并不代表自己内心真实感受的行为。

而当一个人处于"活着"的状态时，对于信息的输入是敏感的、有觉知的，注意力会帮助头脑对信息进行筛选。当负面信息出现时，注意力会指挥头脑对之进行屏蔽；当正向信息显现时，注意力则会指挥头脑接受它们。

注意力在线，一个人才有可能掌握、控制和适时调整自己身、心、脑和环境，进而创造自己想要的生活。

三　畅游信息的海洋

运用解构力，如果把世间万物拆开，拆到最后，其实就是信息，万事万物皆是信息。心拆开为各种情绪，如喜怒哀乐；脑拆开来是知识，声音，语言，画面，从小父母、学校或者各种途径教导的内容……这些都是信息，环境拆开来也全部是信息。

在信息瞬息万变的今天，我们要认识自己，首先就得先从最小单位信息入手，了解信息究竟从何而来，我们的内在究竟装了哪些信息。

新生儿的身、心、脑可以说是全新的，没有任何外在信息的输入，但其DNA里却承载了大量人类经验累积而来的信息，有整个人类所共有的，也有来自家庭、父母遗传的，就像一台新出厂的电脑，没有人为使用的痕迹，但却自带了一些系统、软件、内存等。

在此后的成长过程中，除了这些原始信息以外，他们还会不断模仿、复制父母身上的信息，尤其是那些处于逆流生长环境的孩子，复制的信息会更多。此外，还有从外部环境接收到的信息，比如老师、朋友、书籍、手机等等，可见信息的源头有很多：先天的、家庭习得而来的、环境输入的，所有这些信息合起来同构出了一个外界所认知的"我"。

信息万变，随缘聚散，因缘际会又会产生新的信息。我们每天都会接收大量的信息，很多的信息飘忽不定，来了又走，也就是说，在没有任何外力干扰的情况下，信息随缘聚、随缘散。

也有一些信息"存在感"非常强，甚至只进不出，这是因为当信息想要"飘"走时，头脑却不让它出去，而是抓着它下沉到内心深处、到身体，我们可以将之理解为程序，也可以理解为信息旋涡。

所有的程序都是信息的闭环，信息只要经由脑进入了身和心，就形成了闭环。

如果一个孩子一遇到不会做的事情，爸爸就说他"笨得像一头猪"，一次两次，孩子可能不会在意，但如果爸爸一直说这句话，信息不断重复输入，由脑入心，最后沉淀成一种感觉，他会认为：我真的笨得像头猪。带着这样认知的人很有可能产生极度的自卑感，从而影响他的学习和正常生活。

这份自卑感和负面的自我认定，会在他与人谈判时、上台演讲时、述说自己的观点时等不同的场景中冒出来，就像地鼠一样，如果不知道这种负面认知的源头，他将永远无法摆脱这种自卑感。

正如前文中提到的"见光死"，对于负面的信息，我们要允许它们得到释放。但往往信息上浮到脑就被脑压了下去，上浮的信息、情绪和念头得不到表达，就会一直在体内停留。只有允许它们的表达，才是有效的"见光死"。

信息之所以在我们体内形成闭环的旋涡，主要原因在于它们被"锁住"了，头脑不允许这些信息上浮，一旦上浮就对它们充满评判，进行打压，就像人往往不允许自己有恐惧、悲伤、愤怒或者其他负面的情绪一样，但不允许并不代表不存在。

我们可能会不喜欢父母身上的一些品质，但往往越评判这些品质就越会在自己身上显现。我们会发现，自己跟父母越来越像，为什么？因为这些部分从未得到过表达，自己的不喜欢和批判把它们深深锁在了内心，形成了信息旋涡，不被允许表达的信息会寻找各种机会、在不同的场景中无意识地上浮，对生活各方各面产生不好的影响。

人类DNA里所携带的家族信息，大多是祖辈们不愿意去面对的部分，代代都被锁在了内心，形成信息闭环，然而它们总有释放的需求，如果不被祖辈表达，就会经由父母表达，如果父母一代也不表达，就会由你自己表达，如果自己不表达，表达的任务就要由孩子去承担，这就是家族信息漩涡的传承路径。

对于"子承父业"，我有另外一种维度的解释：业指一份"作业"，祖辈、父辈的信息一旦未经表达，就像一份未完成的作业，一代代地传承下去。

当有一天我们能够链接到注意力的本然的品质，它就是一道光，这光中有慈悲、有包容，给予我们允许内在所有生起的信息表达的能力与勇气，包括恐惧、贪婪、依赖、无力、悲伤、愧疚……我们会正视它，知道它也不过只是一份情绪、一个信息，它首先涌现、表达，然后才会消失。不要对它产生评判，尤其当我们独处的时候，更加不需要戴着社交面具，就让内心生起的那些不好的情绪得到全然表达、流通，然后消失。

色、声、香、味、触是我们对外界的感知，眼、耳、鼻、舌、身则是外在信息的入口，每时每刻，五官都会接收很多信息进入脑、心以及身体。

信息如此繁多，又有不同的类别和性质，要如何对其进行整合和运用呢？

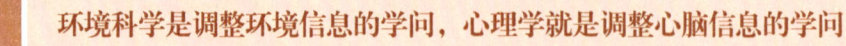

环境科学是调整环境信息的学问，心理学就是调整心脑信息的学问。

以刀来举例，如果别人用刀锋指向你，你会读到危险的信息；但如果它摆在货架上，你读到的就是商品的信息。刀还是那把刀，只是它的环境变了，脑就会读到不同的信息，也就是说，信息不是一成不变的。

脑生起什么念头跟由五官接收到的信息息息相关，而信息有无数变化的可能。要了解自己，就要读懂自己所有的信息，我们的感觉、感受、念头，还有周边环境，都包含各种各样的信息，经常听的歌单、最喜欢吃的食物、喜欢看的书的类型、经常接触到的人……所有这些信息都是我们了解自己的通道。

所以，我们要对自己每天的无数个起心动念保持觉知，同一个信息在内心重复盘旋，是会为他人所觉察的。有句话说"不做亏心事，不怕鬼敲门"，有一些人做了亏心事，即便嘴上不说，别人也不知道，但内心却会常常想着，整个人就会散发出一些信息，敏感的人就能觉察到。某些人内心怯懦，说话、做事总是小心翼翼，就给人以"我好欺负"的信号，一些人就会故意找碴儿欺负他。文学作品、艺术画作的魅力也在于此，它们的珍贵不在于作品本身，而在于文学作品或者艺术画作背后创作者想要表达的信息。

如果一个人足够敏感，他就会快速而精准地对自己所接收到的信息进行分析整合。有人会在感冒刚有些苗头的时候就感觉到身体的变化，在想要发脾气的时候就感觉到自己的情绪，先知先觉，也就避免了很多不愉快的事情发生。

到了这种境界，我们就是在用自己的注意力与这个世界产生连接，不仅能看到一个充满信息的世界，还有能力读懂自己和他人的信息。这种能力表现为靠近不同的人，能够通过他们不同的外在表现读取其所释放的信息，从而对他们的内心有所了解。

能量是一个整体的概念，能量高于物质，而信息又高于能量，信息是呈指数增长的。社会上发生的一些负面事件并不是最可怕的，可怕的是这些信息不断传播，以讹传讹地在更大范围内影响着很多人的身、心、脑。

你要筛选信息，要在自己的世界做主，然后慢慢地你也要有能力在外在世界做主，去改变对外在世界的滤镜，去转化外在世界的信息。你想看到彩色还是黑白的世界，一切都取决于你。

修行的第一阶段是看山是山、看水是水，第二阶段是看山不是山、看水不是水，第三阶段是看山还是山、看水还是水。当你有能力筛选和修改信息，你就能在信息万变中把山变成你要的山，把水变成你想要的水。

> 能够解读千变万化的信息的高手，可以不受信息驱动而产生内在变化，这意味着无论信息是上浮的、下沉的还是一闪而过的，他们都能转化，都能通过自己的解读筛选、调整、摒除或是转化负向的信息，在信息的海洋中畅游。

所有信息到了人的脑海中，都需要被解读。一个小女孩出门时头上戴着一朵花，她觉得自己像花一样美，一整天都很开心。等夜晚回到家中才发现花早就不知道丢在了哪里，但丢的时候她并不知道，也就不影响戴花之于她的意义，不影响"我像花一样美"的信息持续对她产生的积极情绪。

如果人的一生是一场游戏，那么一定是一个拼凑、组合众多信息的游戏。电影《黑客帝国》（*The Matrix*）就是在讲类似的理念，元宇宙的概念也在说相同的道理。我们可以理解为让人们戴上一些全感官的仪器，然后就能进入元宇宙的世界，可以体验千百次不同的人生，虽假犹真，在那个世界中，所有的事情都如亲历一般给人真切的体验，吃东西、牵手、蹦极……所有的事情都可以在元宇宙中体验。就像戴着花的小女孩丢了花也同样觉得自己很美一样，有没有真实发生已经不再重要，因为信息已经存在，剩下的只是人的解读。

元宇宙的概念虽然超前，但也未必不能实现，我们很难说信息会发展到什么程度、什么地步。小时候看动画片会觉得动画片很假，但是现在的动画片制作技术已经达到了以假乱真的水平。一位思维超前的企业家曾说过："总有一天，我们可以模拟宇宙，当计算机的计算能力达至一定的水平，整个宇宙都可以模拟，到了那个时候，人怎么可能不怀疑现在的世界是被创造出来的呢？"

企业家的预言还没有实现，但从某种程度也说明了信息的可变性。任何物质都可被拆解，除了注意力是恒常的。我们要永远对之敏感，时刻对自己的起心动念保持觉察，清楚所有这些起心动念的本质无非就是一堆信息而已，有不好的念头只是缘于有时我们处于无意识状态，没有能力去辨别和筛选。而如果注意力在线，就有能力去清理、筛选、改写信息，一切问题也都将迎刃而解。

四 人生的终极自由

人都有社会和自我两种属性，当我们活在社会之中时，有很多外力牵扯；而当我们回到内心，也会感受到丰富复杂的情感和情绪。

不管我们在哪个世界，最重要的是要清楚自己才是主宰，内心那道光才是让我们超脱一切束缚、不受尘世间所有东西主宰的力量之源。《易传·系辞上传》曰："易有太极，是生两仪，两仪生四象，四象生八卦。"

《道德经》中也说"道生一，一生二，二生三，三生万物"，太极是一，一指的就是注意力，二可认知为心，三即脑，脑再生化出万事万物。

两仪即阴阳，维系阴阳动态平衡的是注意力，只有注意力才是永恒不灭的。

回到人类的那个终极问题："我"是谁？"我"是灵魂，"我"是观照，"我"是觉知，"我"是自在，"我"是注意力，是不生不灭的部分。注意力不受制于任何外部力量，即使有干扰，只要你愿意，注意力依然可以专注到具体的人、事、物、象之上。

人生有苦有甜，有逆境有坦途，但无论如何，人都要有清醒的觉知：所有的苦难终将消散，快乐亦如此，不能让这些变化的东西成为自己的主宰，自己才是它们的主宰。要让它们为己所用，为自己创造更好的条件和环境，而不是受制于它们，沦为它们的奴隶。

所以，任何一种情绪和念头都不能代表一个人，或者说不能代表一个人的全部，而只是某种刺激下的反应。情绪和念头只是一个人之于外部条件的应对和反应，当注意力在线时，情绪和念头都会成为你链接内心世界和外部世界的工具。

注意力很活泼，不管一个人在脑补或者脑残，在过去或者未来，都是注意力的无限扩展。我们可以将注意力投注于一年前的事情、自己伴侣的身上，或明年的工作计划、刚刚发生的事，甚至是晚餐吃什么上；可以投注于一些美好的事物之上，比如令人充满感恩的时刻，给予别人帮助的瞬间……一切的前提，都在于注意力是否在线。

人生最高等的自由，既不是物质的自由，也不是身体的自由，而是注意力的自由。

所有修行的路上，注意力是最重要也是最先决的，首先要注意力在线，才能知道"我是谁，我从哪里来，要到哪里去"。

注意力不在线时的人是无意识的、盲目的、被动的，悲喜或许都不是他的真实感受，只是外部条件刺激下的生物本能反应而已。

注意力永动、活泼、找寄托，它可以寄托在孩子、事业上，也可以寄托在身体、花草等万事万物上。

之所以要修炼注意力，是为了能时常链接到这一道光。当注意力不在线时，人只是机械重复日常习惯的工具。如果这种重复是正向的，虽然不会活出自己的个性，至少能活出正向的人生，比如你从小有非常好的父母，他们帮你植入很好的程序，你的内在有着很好的信息漩涡，那么你的日常习惯会引导你活出比较幸福的人生，但即便是这样，注意力不在，你也只是拥有一个惯性的无意识的幸福人生。如果这种重复是具有破坏性的，那后果将不堪设想，就相当于将生命全然交由无意识，可能会充满痛苦。

人的一生就像开车这一行为，车是身体、方向盘是脑、油门是心，而开车的人，就是注意力。当注意力在线时，可以通过对脑的控制选择往左或往右，加油还是减油；当注意力不在线时，车速是多少，方向在哪里，脑是没有能力左右的，只能由着车子的既定路线、给定速度前行，一旦前方有障碍，车子偏离轨道，就会酿成悲剧。

开车的最好境界是方向感强、速度适当。人生最佳的状态是注意力在线，当注意力在线，你的每一个决定、每一个选择都是有意识的，你可以成为自己人生的主宰，去开创自己想要的生活。当注意力在线，我们也能以开放、包容、随顺的心态来度过一生，不容易为外界凡尘俗事所累，人生会活出另一种高度。

旅行有其目的地，幻境有梦醒的一刻，人生也有其尽头，其实这一生就像一个旅程，一个游戏，仿如一场梦。

《道德经》有云："虽有荣观，燕处超然。"能够面对尊荣显贵、金钱名利而不为所动，就是注意力的在线让我们能保持超然之姿，保持不贪恋、不依赖、不炫耀、不骄傲的宁静、淳朴、闲适心境。

一个患得患失的人是不可能享受到生命的意趣的，身心都被一些终将破灭的事所搅扰，也难得其安宁。相反，如果我们能认清这一点，保持先天之心的澄净和注意力的在线，就会发现生命之中时时处处都有的美妙和惊喜。

第 六 篇

Chapter 06

人生的全面蜕变——关系篇

成为自己的人生导师

关系是我们存在、构建自我、建立自己与外部世界联系的纽带。前文提到，如果被问到"我是谁"，很多人会用关系来形容：我是××公司的员工、××的儿子、××的学员、××的朋友……人是关系的产物，我们一出生就与这个世界建立了千丝万缕的关系，包括亲子关系、亲密关系、合作关系……而其中对我们影响最大的莫过于亲密关系。好的亲密关系像一面镜子，可以照见彼此最真实、最全面的状态，包括需求、状态、情绪等方面。

一　关系的需求与期待

亲密关系很复杂，很多时候我们连自己的内心世界都不是十分理解。两个人在一起，热恋时当然可以"有情饮水饱"，但一旦进入稳定的阶段，两个人的关系中除了感情之外，还有生活，各自的工作、爱好、朋友以及家庭之间的关系，对双方都是考验。

人们为什么建立关系？因为有需求，我们都渴望得到爱、被看见、被肯定、被认可、被理解，有人关怀、有人陪伴、有人可以依赖……可以说，建立关系的原动力就是人们想要满足各种各样的需求。

需求来自于内心，一旦需求变得明确，我们就会对伴侣充满期待，期待是一个人指向外部的需求。试着去想一下，你对伴侣有什么期待？是希望对方更有钱，有更多的时间陪伴你、尊重你、更懂你？还是希望他更体谅你、永远像恋爱时一样爱着你，甚至更浪漫、给你更多的安全感……

这样算起来，可能我们每个人对伴侣的期待比自己想象的要多得多，但我们大多数时间只做要求，很少去思考这些期待是否平等、合理。

我们为什么会对伴侣有期待？我们要看到关系中的一个本质：价值的交换。人与人之间之所以能够形成关系，无非是为了各种各样价值的获得，比如商业合作关系、朋友关系，包括与伴侣的关系，都是基于自己所做出的某种价值交换的最佳选择。

> **人性都有自私或者客观一点说，自我的方面，而几乎所有的关系都是为了满足自我需求的价值交换。**

天下熙熙，皆为利来；天下攘攘，皆为利往。大家千万不要听到"价值交换"这个词就望文生义地做出一些负面的理解和解释，其实价值是一个中性词，关系中的价值交换也是客观存在的事实。

有句俗语说夫妻就是"搭伙过日子"，很直白地点明了亲密关系的本质：两个人一起创造价值，与合伙做生意是一样的道理，都是相互配合，互为补充。

两个人在结合的初期，彼此都能在对方身上得到满足，价值交换是平等的，关系就可以维持。之后如果有一方的能力越来越强，事业越来越成功，而另一方不仅没有进步，甚至变得更差，这段关系中的价值交换就失去了平衡。这个时候如果双方没有认知方面的调整而继续在一起，关系就很难维系，除非之前有一定的价值积累，但这种积累也总有消耗殆尽的一天。

某著名导演在接受采访时聊起自己的创作历程时说，在他未成名前，落魄不堪，全靠妻子把她所有贵重的首饰拿去典当以支持他的创作，并一直陪伴在他身边。这也是当他功成名就、获得电影圈的认可时，妻子还是以前的样子，而两个人的感情依然很好的原因所在，因为有先前的价值积累。

如果夫妻两人在日常生活中没有任何感情的累积，一方飞黄腾达后，很可能会因为价值不对等、能力不匹配、收入不对等之类的原因选择离开这段关系。正如俗语所说的"久病床前无孝子，久贫家中无贤妻"。

所以我们在亲密关系中要经常思考：自己为对方创造了什么价值？有什么付出？能够满足爱人的期待吗？又有什么资格向对方提这些要求？如果对方能满足这些要求，自己能给予同等价值的回馈吗？

我们大部分时间都在大的社会环境中学习、工作和生活，大部分的感情、交情、友情也都是在这一环境中建立的，所有的关系，就其根本而言，都是价值交换。爱情也是如此。爱情要拆分成两个字来理解，一个是"爱"

一个是"情"，爱是无法经营的，爱只是一个发生，而情则需要一点点地累积，二者合起来才是一段比较理想的关系，也即两个人关系的确立是建立在一定的感情基础之上的，然后双方基于各自能力、水平等对这段关系给予滋润，一个如阳光，一个如雨露，关系的稳固离不开任何一方的滋养。

我一再强调说，关系的实质就是价值交换，但因为有"价值""交换"这样的词语，很多人可能一下子不太容易接受。有人可能会说：我结婚完全是出于爱情，我从没有计算过自己和对方的付出是否对等，我们之间的爱是纯粹的，不存在其他任何因素，也不要求有所回报……好像承认了"关系的实质就是价值交换"这一点就污染了一种关系，但事实却并非如此。

试着冷静地思考一下：你爱对方难道一点都不因为他的外表或者能力？去参加一次酒局难道不是为了结交一些生意场上的意向伙伴？

思考过后你会发现，所有关系的本质还是价值交换，这点并不低俗也无须否认。

价值交换频次不高的关系，叫弱关系，而具有高黏性的捆绑关系和需求期待的价值交换，叫强关系。

刘邦和韩信一同打天下，存亡成败、生死与共，所以他们当时属于强关系。等到刘邦称帝后，他们之间的价值交换就不那么必要了，或者说，刘邦对韩信就没有那么高的价值期待了，所谓"飞鸟尽、良弓藏"，二者的关系就变成了弱关系。而一旦一方失去了价值，那么关系也没有存在的意义了。

"富在深山有人寻，穷在路边无人问。"富人在哪里都会有"朋友"，因为有价值；而穷人即便身处闹市也无人问津，甚至遭人嫌弃，因为没有价值。

依此类推，友情的实质也是价值的交换。朋友是人们在家庭以外最强的感情，它让人更有归属感、包容感和陪伴感，"一个好汉三个帮""朋友多了路好走"说的就是朋友间的价值。企业和员工之间也是一种价值交换，员工工作，企业按劳给予薪水，如果某个员工业务能力变强了，公司却还给他同样的工资，在这种价值不对等的情况下，员工可能就想辞职了；而如果这个员工做得越来越差，却仗着自己是老员工就要求升职加薪，公司肯定也不会满足这种不对等的无理要求。

也许有人会说：世界上还是有很多大公无私的人的。的确，不少人因为信仰、对自我的要求等原因并不要求付出有所回报，但我们要明白，这些人首先是经过长期的修行，且具有高尚的追求和品德，才能做出大爱无私、施恩不图报的行为。再次，古往今来，这类人也只是凤毛麟角，不具有代表性。而对于大多数的普通人来说，价值交换是在任何关系中都不能逃避的事实。

人性都有自我的一面，道德上要求我们"先人后己"，但其实"先己后人"才更符合人性。身处种种关系之中，我们都难免会有自己的考虑，如果伴侣已经是一位非常成功的企业家，而自己既不能在事业上有与之相匹配的实力，对家庭的贡献也少之又少，却还要求伴侣像以前一样对待自己，这就有违常人的本性，这个时候，我们更应该做的是推己及人的换位思考和对自我的反思与检讨。

只有认识到了关系的这个真相，人才不会轻易在一段关系中受伤，不会因为对方没有满足自己的期待而情绪低落，而是会先提升自我，再审视自己对对方的要求是否对等与合理，也只有这样，关系才能持续、稳固。

🔘 需求是如何产生的

我们走进一段关系的原动力是需求：渴望从对方身上获得很多的爱、温暖、关注和安全感……每个人的需求都是不一样的，一段关系是否长久、和谐及稳固，最关键的是在关系中的每个人都要清楚地知道自己的需求是什么，以及需求从何而来。

需求的发源地来自心，心的感受是脑的累积，而脑是外在环境的累积，每个人的不同需求，都是由从一出生到当下，每时每刻所接收到的信息决定的。

人从一出生开始，内心就在无时无刻不在发出需求的信号：饿了、困了、害怕了、孤独了等，都是需要父母的照顾和关爱的信号，在这一层面上来说，每个宝宝都是高需求的，这一阶段他们的内心是完全打开的，非常敏感而又没有自我满足的能力。如果父母能读懂宝宝们发出的信号并给予相应的回应，才能使他们得到完全的满足，但父母是很难完全读懂这些信号的，所以，基本上每个人在很小的时候，都或多或少地有一些需求被"压抑"了。

随着一天天长大，宝宝们的脑部慢慢发育，渐渐有了思维、判断、选择以及其他能力，这时候他们就会开始学着去分析和判断，开始察言观色，知道有些需求哪怕是用哭喊撒娇的方式可能也难以获得满足。这个时候，他们的需求要么会被自己压抑，要么会为了实现需求做出一些妥协和让步。

如果一个人所有的需求都能得到满足，创伤就不会存在，然而，大多数情况是需求常常有，但不能都被满足，所以创伤也就成了必然。

> **所有的心理创伤都是跟需求联系在一起，所有的心理创伤的底层逻辑都是因为需求没有得到回应。**

我们小时候那些无法得到满足的需求，尤其是心理层面的，大多数并不会随着时间而消失，只是被压抑回了我们的内心，慢慢形成一个等待被填满的空洞。当我们进入亲密关系之中时，我们的心是打开的，一旦心打开了，那些尘封已久的情绪和需求，也会一并打包呈现，期待得到对方的满足，这也是人在亲密关系中有诸多需求的原因所在。亲密关系会让我们放松、有被爱感，所以会理所当然地希望在对方身上得到满足。

而人之所以容易在亲密关系中受伤，是因为每个人都有着各种各样的需求，但很多人根本不知道自己真正想要的是什么。因为在社会生活中，我们已经习惯了戴着社交面具，也就压抑、掩盖了自己内心的真实需求。所以关系中的每个人都可以说是一个矛盾体，既想要得到满足，又会不停地压抑自己的需求，这也是很多关系出现问题的原因。

为什么人会压抑自己的需求呢？一方面是前文说到的我们大多数人都戴着社交面具；另一方面，人的需求各种各样又千变万化，一旦需求经常性地得不到回应或满足，人就会在脑海中建立起一种防御模式，可能是反向形成，也可能是寒傲孤高。因为害怕被拒绝、受伤害，人会无意识地压抑自己的真实需求，戴上社交面具，把需求封存，好像这样就没有问题、不会受伤了，这是我们每个人最本能的策略。

但需求得不到满足的缺口不会因为自我压抑而弥合，就像一个残缺的圆，内心深处始终期待着有一天有人能给予满足。当我们各自带着这个残缺的圆走进一段关系之中，却发现彼此都无法补全对方的残缺，矛盾就产生了。

在关系建立之初，人们通常不会完全地表露自己内心的需求，因为双方都还在相互观察、试探的阶段，脑中首先想的是怎样把这段关系稳定下来。这一阶段的人们不会过于强化自己的需求，反而会更多地去思考、满足对方的需求。

当关系越来越稳固，人们觉得足够安全了就会打开心门，理性的比重越来越少，感性的比重越来越多，就会越来越渴望对方满足自己的需求，而一旦得不到满足，抱怨、指责、痛苦就会发生。

所谓的"婚姻就是爱情的坟墓"，其实就是因为彼此之间的关系从脑走到了心，没有了当初的理性，感性多过于理性，也就是说关系出现问题是因为彼此之间从理性相处到越来越依赖感性维系，无意识地释放更多自己内心的需求，不再像热恋时那样保持理性，并设身处地地为对方考虑，久而久之，双方都无法从对方身上获得满足，矛盾也就逐渐显现了。

但是，亲密关系之所以重要，就在于彼此间心意相通、坦诚以待，如果在亲密关系中完全打开了自己的内心，要怎么去填满需求的空洞呢？每个人对自我需求的不同应对方式，我认为可以归纳为两大模式——过于讨好（工具人）和过于自我（巨婴）。

有人会通过讨好的方式，放低甚至舍弃自我，在一段关系中完全成为对方的附庸或是完全服务于对方，彻底给予，把自己内心原本残缺的圆再拆下来去满足对方、成全对方，这样的人就像一个工具人，完全没有了自我，把对方视若生命的全部。

这样的人表面看上去好像无欲无求，对什么都无所谓，但这样的讨好只是一种心理防御，内在压抑的痛苦甚至连本人都难以察觉。在这种行为模式下，他完全关闭了自己的心门，认为自己的感觉、需求、欲望都不重要，也就是通常大家所说的讨好型人格。但事事却往往并不尽如人意，即使一个人不惜失去自我地成全另一方，但对方也不怎么买账，因为这种强行的匹配，未必就能完全符合对方的需求，对方处于一直接受的状态，可能会变得觉得一切都理所应当，需求的空洞怎么都填不满，或者深感压力，反而越来越想逃。

还有一种行为模式是巨婴型，就是在关系之中只在乎自己的需求有没有得到满足，而且完全沉浸在"我最重要"的感觉中，认为所有人都要围着自己转，而不为他人思考，慢慢就会让对方产生无力感，成为关系中充满负能量的黑洞，不断索求，也会将对方越逼越远。

这样的人很真实，从不掩饰自己的内心，但因为过于真实而显得极其不成熟，他们想问题、做事情不会经由理性分析，完全跟着感觉走，虽然长大成人了内心却依然是个孩子，也就是大家所谓的"巨婴"。他们期待别人都能像父母一样无条件地满足自己，但却忽略了每个人都有得到满足的需求，没有任何一个人可以做到不停地给予。

很多女士在生理期时会情绪大爆发，非常脆弱和敏感。但生理期只不过是一个"借口"，至少不是让她变得如此敏感、神经质的全部原因。在生理期期间，她放纵自己由脑回到了心，把之前压抑的、没有得到满足的需求无节制地释放了出来，渴望伴侣的爱、关心，但是往往伴侣给了关心她却依然无法得到满足，这是源于生理期的需求掺杂了很多小时候的需求，有她成长过程中的伤痛与压抑，更何况是长久以来、久远之前的事情，伴侣不能了解、无法真正给予满足是再正常不过的了，但回到心的人是不会考虑这些的，一心只想要得到满足，也就变成了一个"巨婴"。

心理创伤大多源于小时候的需求没有得到满足，所以人们倾向于把伴侣当成父母，希望伴侣能代替父母来满足自己所有的需求，这是一种错位的投射。

在一段关系中，如果一个人完全靠脑的理性分析，封闭自我以求自保，那么他就只能是一个工具人；而当一个人完全听任心的感受，就会陷在自己的世界中，认为自己是世界的中心，那么不管他年纪多大，内心还是一个孩子，是巨婴。

举个例子，有一对夫妻，丈夫是广东人，妻子是四川人，两个人的饮食口味天差地别。假设有一天妻子想吃四川菜，越辣越好，如果丈夫是讨好型人格，即便他根本吃不了辣，还是会压抑自己的需求，迁就妻子的口味去吃四川菜。而如果丈夫是活在自己世界里的巨婴，他就会直接说出自己的要求，不但不会迁就妻子，还会要求妻子陪自己去吃广东菜，但这样就容易让妻子产生不被爱的感觉，从而引发争吵。

两种方式都不利于关系的和谐。人有千面，心有千变，内心和头脑中的想法与念头瞬息万变，自我的、社会的、家庭的、工作的、理想的、物质的需求等不一而足，何况还有因为环境和外部条件的变化而随时随地产生的无数即时性需求。如果我们在关系中只看自己、只想着自己的满足而不思考、顾虑对方的需求，关系终将有崩溃的一天。

所以关系的最佳状态既不是单纯靠心也不是单一靠脑，而是心脑合一、感性与理性结合。即在关系中既要看到自己的需求，也要看到对方的需求，同时还要清楚彼此需求不可能完美匹配的事实，然后在双方需求之间寻找一种平衡，在这样的关系中，双方都有付出也各有收获，才能保证它的稳固。

没有所谓的完美的灵魂伴侣，良性的关系在于彼此的包容和互相的迁就。

所以，在关系中，我们要做的第一步是由脑到心，先要打破自我心理防御，卸下面具，坦诚相待地看到和了解自己的需求。第二步则是由心回到脑，从对自我需求的关注重新回到理性分析。第三步是心脑的结合，看到彼此的需求，也能用理性思维对这些需求进行筛选、评价、衡量及选择，以求达到一个双方都能接受、都能得到不同程度满足的平衡状态。

自我的需求要满足，对方的需求也要照顾。过分强调自我就会变成"欲求不满"的巨婴，过分强调对方则会失去自我。真正的关系不是零和博弈，而是相互平衡和彼此促进的增量效果，在一段良性的关系中既要看到自己，也要有对方存在的价值和空间。

在现实的亲密关系中，能够做到第一步就已经很难了，因为很多人对自己的需求并不清晰，这也是我在本书中一再强调要对自己保持高度敏感的原因所在。一段关系对自我也是一种修行，不断追问：自己的念头是什么、感受是什么、感觉是什么？究竟想要什么？想要达到这种目的自己还缺了什么？通过这样的自我追问去逐步理清自己在一段关系中的地位和价值。如果连你自己都不了解，又何来资格去要求伴侣来了解和理解自己呢？自己又有何勇气说很了解伴侣呢？

要做到以上几点，先要对我们的需求进行解构：在自己众多的需求之中，哪些是对伴侣的正常需求，比如最基本的关心、陪伴、帮助；哪些与童年有关，比如父母在我们小时候未能给予满足的需求，但要明白这部分的需求伴侣是无法满足的，我们甚至都不能要求父母现在来弥补这部分的满足，因为时间不可逆，人、环境、条件也都在不断地变化，所以对于没有参与我们童年的伴侣来说，又凭何来满足我们呢？哪怕是伴侣愿意，也不知道该如何去满足。

人都需要被看见、被爱、被呵护，但如果过分强调自己的这部分，人的内心就会像孩子那样，脆弱、敏感又片面。人首先要懂得"我"才是自己的最佳守护者，先呵护、爱自己，因为很多需求伴侣是不可能察觉及满足的，父母更加不可能。所以，先看到自己，建立起对自己负责的意识，看到自己的需求，先自我满足，先自己去填补内心那个残缺的圆。

三 距离是一门艺术

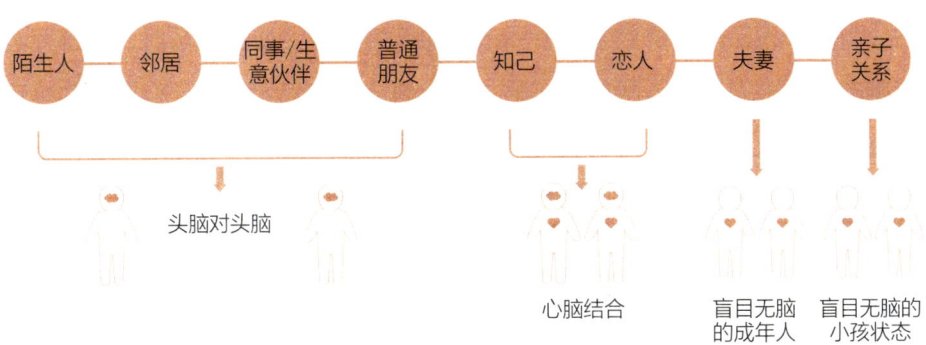

上图中的关系轴，在距离的维度从疏远到亲密进行层层推演，陌生人对陌生人的关系中，人处于脑的状态，因为人不可能也不会希望或假设自己跟邻居或生意伙伴谈情说爱，这些都是比较直接、疏远或是暂时性的关系，在这类关系中，人们一般只会聊一些民生或是社会热点类的信息，比如天气、经济、菜价……

有一次我去理发，发型师一边剪头发一边跟我聊天，但她问的问题都比较涉及隐私："先生你是不是住这里？""你是不是本地人？""你结婚了吗"……我与她本是消费者与商家的关系，如果是一些不走心的闲聊，或是一些相关的具体问题，比如喜欢什么价位的洗发水、想要什么样的发型、头发长短要求等都是无可厚非的，但她这种过于涉及隐私的问题，就显得很没有礼貌，可能会让客人感到不适甚至有被冒犯的感觉。

关系中的距离感是要"拿捏"的，很多年轻人会抱怨：一过年回家就会被长辈直接地问做什么工作，月薪多少，有对象吗，事实上这也是很不礼貌的，就像在与人交往时问别人年龄一样，失去分寸感就失去了基本的社交礼仪与相互间的尊重。

关系需要培养，关系中彼此的距离也会随着关系的亲疏而有所不同。当两个人交往多了，慢慢变成了朋友，双方就可以开始聊一些相对个人的事情了，比如是哪里人，从事什么行业，喜欢什么样的衣服……这些都是合适的。但是当两人还处于普通朋友阶段时，相互间并没有深度交流，还是需要注意距离感的。

当两个人已经进阶到了无所不谈的知己关系或者恋人关系时，就需要心与脑的结合来判断两人间的距离感。恋爱到了一定程度时的人们既有情感也有理智，可以说是关系的最完美状态。因为恋爱在某种程度上意味着两个人都还有继续发展的可能性，关系处于建立的过程中，所以双方都会在表达的时候有所思量。

而当两个人到了计划步入婚姻的阶段时，经历了热恋时相互试探的磨合期，和一段较长的相互调整、协调的时间，两个人在关系中用脑的时间越来越少，更多的是跟着心的感觉走，如果前面两人奠定的基础非常好又有着很好的共识，可能会是非常好的情感体验，但也很可能跟着感觉走就走丢了。

比如恋爱时，如果男生约女朋友："今晚我们一起吃饭好吗？"女生可能会说："我考虑一下。"男生也会认为这是正常的回应，但等结婚后，如果丈夫再问妻子："今晚我们去吃饭好吗？"妻子还是回答说："我考虑一下。"这个时候丈夫可能就没有了当时的"耐性"而不耐烦地说："有什么好考虑的？！"

这样的例子在我们生活中随处可见：恋爱中的人们都会很注重自己在对方心中的形象，非常注重每次见面时的衣着打扮；结婚后则是怎么舒服怎么穿，好像成了家人之后形象就变得不重要了，人也变得随意随心了，哪怕彼此有了冲突，要么觉得无可厚非，要么觉得对方应该也会理解，就不再进行理性的沟通了，情绪要不就是忍着锁在心里，要不就任其随意爆发。恋爱中一方提出要求，对方都会尽可能地去理解、满足，但结了婚，如果自己的诉求不被理解和满足，很有可能会很愤怒地指责对方："你以前不是这样的，你以前都会迁就我！"

之所以婚前、婚后两人之间的关系状态会有这么大的区别，是因为一旦进入婚姻，彼此之间关系越来越亲密、深入，就会忘记了刚相识时双方间的距离与礼仪。婚姻中的大多数人都会随心所欲，因为觉得家人之间可以这样，在爱人面前也不必再勉强、委屈自己。但跟着感觉走，可能不知什么时候就会走丢了，所谓"七年之痒"说的也是这个道理。

所以，"因熟而失礼"是婚姻的大忌，因为之前彼此间的理解、信任和包容，让关系中的两个人变得习以为常，慢慢从脑走到了心，婚姻中的人们很容易因熟而失礼：在家中邋里邋遢不注意形象，忘记了以前在对方面前小心翼翼的自己，忘记面前的人是要陪伴一生、相互扶持的最重要的人。我们每天都会对陌生人、同事、朋友释放善意，为什么对眼前人却吝于情感的表达呢？毕竟这个人才是真正值得我们用脑和心去珍惜、理解与呵护的人。

> **关系的经营是一门艺术，我们要懂得根据不同的情况调整分寸、尺度和距离。**

心与心的交流是拉近彼此距离的重要途径，是靠近的力量，是亲密无间、爱与被爱的感觉。脑与脑的碰撞则是令人疏远的力量，理性的对话会让人产生距离感，但同时也令彼此有了成长的空间。人与人的关系距离不是恒定的，当发现彼此太过亲密而失了理性时，就应该有所调整，有意识地在一些事情上面把距离拉开一些；而如果觉得彼此疏远甚至有些陌生了，也要有意识地去进行一些感性层面的交流，把距离拉回一些。

比如一位企业高管，经常跟自己所带团队的同事一起聚餐，餐桌上气氛都很活跃，大家放下工作有说有笑，像朋友一样。有一次聚餐后，他安排其中一位同事做一个项目的统筹，另一位同事心理就很不平衡，气呼呼地直接闯进他的办公室质疑他的工作安排："我与你平时关系这么好，为什么你把这个项目安排给他而不安排给我？"这位同事就是把餐桌上的关系距离拿到了工作上，完全失了上司和下属之间的那份分寸。

人与人之间关系的本质是价值交换，如果你的价值是1000分，我的价值也有1000分，彼此价值对等，这样的关系就是相互获取的，没有"剩余价值"。

感情的培养则是"剩余价值"的来源，如果你为我付出了1000分的价值，而我只为你付出了100分，那么就会有900分的价值沉淀在我与你的关系账户里，你为我付出的价值越大，我对你的感情就越深，感情账户里你"剩余价值"的沉淀就越多。

在"运用太极思维平衡外在世界"一节中，我讲到阴阳平衡的道理。举个例子，如果一个人想要追求一位女生，就要为她创造价值，让她感觉到他的关心和温暖，日积月累的积淀会为两个人的关系打下良好的基础，到了一定程度，她就会感受到他的付出，心生感动，然后慢慢发现这个人的优点，慢慢对他有好感，就会在感情上给予他回馈，反过来也为他付出，两个人之间的太极也就开始转动了。

所谓 "小恩养贵人，大恩养仇人"，如果一个人提供价值太大且又是单向的，获得的一方根本还不起也不知从何还起，慢慢地内心就会产生羞愧感，最终可能导致"恼羞成怒"或"不断索取"，双方之间的太极就失衡了。

所以，现实生活中如果我们不想跟某个人有密切的关系，就不要为他创造太多的价值，除非你改变了原来的想法，想要与他多一些情感方面的牵绊。那就要保证他的情感账户里你的剩余价值大于你情感账户里他的剩余价值，在适当的时候他的内心会慢慢对你产生感恩、感激之情。

大礼不送，小礼不断。如果给予他人的感情付出太多，多到对他人而言成了一种无法偿还的债，他就不会对你有愧疚感，反而有可能导致关系的破裂。所以下一次如果我们再对别人给予帮助却没得到所期待的回应，甚至对方还对你有恼羞成怒的情绪时，就要反省一下是不是自己给予的方式和多少存在问题，然后做出调整，避免两人关系的进一步恶化，让关系太极重新平衡运转起来。

四　管理关系的三个账户

上文已经提到过，"爱情"两个字要分开来讲，爱是爱，情是情。爱是自然而然地发生，但同时也意味着我们无法预判它什么时候消退；而情则是可以积累的，前面提到的剩余价值，其实就是处于关系中的双方情感的累积。

我们跟人可以有感情，爱则难以描述，但能感受得到。两人之间一旦有爱，其价值是无限的，比情要大很多。

有情有爱才叫爱情，如果没有爱但有情，关系也能维持，因为账户里有情感的累积，但双方就要刻意用心去培养；有爱又有情则是一种水到渠成、顺理成章的状态，是亲密关系中最完美的状态。

概括而言，关系之中无非存在着三个账户：价值账户、情感账户、感觉账户。

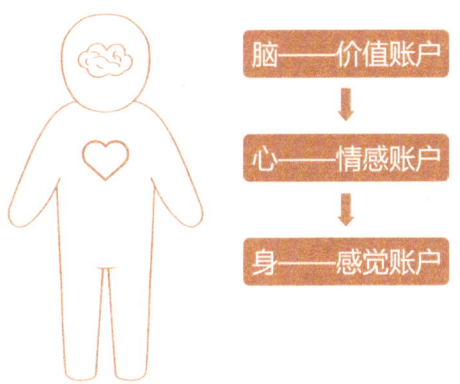

在关系建立之初，两个人可能还只是普通朋友关系，这一阶段彼此之间只有价值账户，就是单纯的价值交换关系；当相处久了，相互之间有了感情的积累，就会发展出情感账户；随着关系的再进一步，双方的黏性也越来越强，就会发展出感觉账户。

几乎每一段亲密关系都要经历这三个账户阶段：首先是价值账户，也即彼此为对方的付出。其次是情感账户，里面承载的是两个人多年之间累积的价值。最后是感觉账户，则是指双方好感不断累积，情深意浓，最后变成一种感觉：是比内心层面还要更深刻的感觉。

如果一对夫妻在价值账户中的价值交换不平衡，也就是一方不断地付出、给予、让步和妥协，另一方却没有太多的回馈，价值账户就会不对等，但如果两人的情感账户里还有"余额"，即过往的感情累积，那么即便价值账户余额不足，关系还是可以继续维持的。

但如果价值账户里面完全不存在平衡交换，而情感账户的"余额"也所剩无几甚至消耗殆尽，还有感觉账户可以作为关系的最后维系所在。正所谓床头打架床尾和，很多时候就是因为如此。如果两人对彼此还存留相恋、相爱时的那种吸引力，这段感情也不会轻易结束，除非某一天相看生厌，同处相同的空间内都觉得厌烦，那就回天无力了。

同样地，感觉账户也是亲密关系中最难弥补的一类账户。价值账户余额不足可以通过对彼此的付出、平衡交换来"续费"；情感账户余额不足也可以补充，两人都多站在对方的立场、从对方的期待考虑，多做一些符合甚至超出对方期待的事情，也是可以"扭亏为盈"的。然而，一旦感觉账户余额不足，彼此从身体层面就已经两相生厌了，关系就会很难挽回，甚至比从零开始还难。

触感是最原始也最重要的感官，同时也是彼此之间增进情感的重要感官之一，如果连见面、同呼吸都难，又何谈触碰呢？关系危机也自然就比较严重了。所以日常生活中，我们要有意识地在爱人之间创造一些触碰的机会，让情感"一触即发"，比如拥抱、亲吻、小小的亲昵动作等，都是感觉账户很好的"收入来源"。

这三个账户的"余额"对保持关系的融洽非常重要，每个人都要有意识地往这三个账户中"存钱"。

五　清晰关系的三种模式

成熟、滋润、和谐的亲密关系，是两个成熟的人共同努力的结果。双方既对自己的需求有清晰的认知，也能看到对方的需求，并在相处过程中互相调整、互相包容与体谅，从而保持关系的平衡。

但很多亲密关系中的双方都不如理想般成熟，都对彼此有着或多或少不合理的期待，比如把对方投射为爸爸或妈妈，要求对方满足自己各种各样的需求等。我们可以看到，身边很多夫妻的相处更像亲子关系而非亲密关系。

当亲密关系变成亲子关系或有向亲子关系转变的倾向时，就非常容易变成如下图这样的关系模式：在拯救者、迫害者和受害者几种角色中来回切换，亦即"卡普曼戏剧三角"。

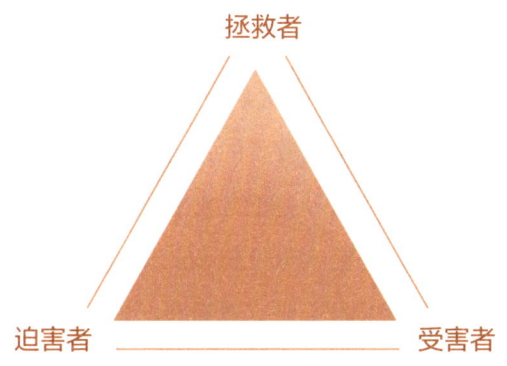

在关系中，如果一个男士是所谓的"妈宝男"，从小习惯了妈妈对自己百般呵护和照顾，长大后他会倾向于找一位跟自己妈妈性格特别相似的女性做妻子。刚开始的时候，基于爱之下的妻子也愿意去照顾和迁就丈夫，为他多做、多付出一些，这时，妻子充当的就是拯救者的角色，像丈夫的妈妈一样去满足他。

但每个人都有被爱和渴望被关注的需求，如果夫妻之间长期都是妻子单方面付出，她的内心慢慢就会产生不平衡的情绪，对自己一味付出却得不到回报而生闷气甚至抱怨和不满。这时候的妻子由拯救者变成了迫害者：她不再愿意一味地付出，开始对丈夫进行抱怨和指责，想尽办法折磨他，而一直心安理得地接受她付出的丈夫肯定不会默默地承担她的指责，他习惯了所有人来满足和迁就自己，面对妻子的指责他不会反思，而是充满了不理解和满腹埋怨，然后把情绪加倍返还给妻子，这时，妻子又从迫害者最终变成了受害者。

也有人在亲密关系中一开始就处于受害者这一角色。一些人在关系中就像个孩子一样，需要伴侣完全地去满足自己，总是抱有过多的托付心态："我现在之所以这样都是因为你，如果不是因为你，因为这个家，我才不会辞掉工作；如果不是为了生孩子，我的身材才不会变形，我现在一点安全感都没有，都是因为你……"这些抱怨其实都是基于"托付心态"，就像孩子把自己托付给父母，向父母提出诸多要求一样。如果刚好有男士愿意不断付出、给予，迁就她，时间长了，这位男士就会像上面的妻子一样，由拯救者变成迫害者，最终也会变成受害者。

那么，我们该如何判断自己所处的亲密关系的模式呢？

如果在亲密关系中一个人是拯救者的角色，那么他大多可能会把关系的另一方想象为"儿女"。通常父母会把儿女看得非常重要，他们认为自己是孩子的无限责任人，要为孩子提供尽可能多的物质保障或者精神关照。所以当一个人在关系中把对方看得太重要，就需要照顾对方的感受，对方的开不开心都与自己有关，要去安慰他、拯救他，这个时候自己就成了伴侣的"父母"，成了拯救者。一般在关系中处于拯救者角色的人会有更强的掌控欲，也会有更多的指责和焦虑等情绪。

如果是受害者角色，那么他多半是把对方想象成了父母。孩子通常会比较自我，希望父母满足自己所有的欲望。所以当一个人在关系中把自己看得太重要，不断要求对方照顾自己的感受，不仅要时刻看到还要负责满足自己的需求，不断地索求爱、关怀与包容，他就成了伴侣的"孩子"。在受害者的角色中，人们通常会有很多的抱怨、愤怒或由于不满足而导致的悲伤等负面情绪。

无论一个人在关系中处于拯救者还是受害者的角色，都不是健康的关系模式。健康的关系是平等的，有付出也有获得，是在你来我往的照顾与包容中的一种动态平衡关系。只付出不求回报或是只索取不付出的关系，都很容易把亲密关系变为亲子关系。

六　了解关系的四个象限

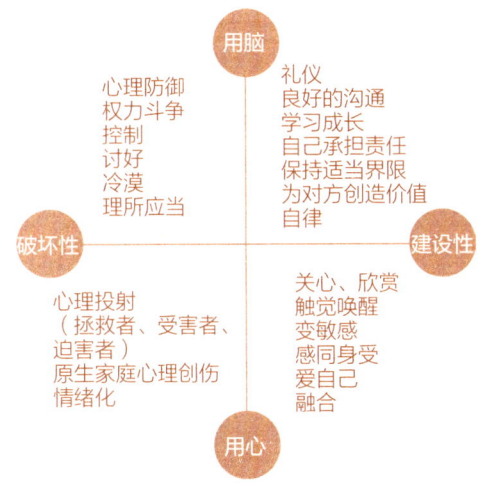

在关系中我们既要懂得用脑的理性，也要学着用心的感性去经营。上图所示的关系四象限描绘了一个人在关系中心脑运用的不同类型，包括：破坏性的用脑、破坏性的用心、建设性的用脑、建设性的用心。

什么是破坏性的用脑？心理防御就是比较明显的一种，即内心是完全关闭的；比如讨好，压抑自己的所有感受去迁就对方；比如掌控，利用规则、道德或是其他力量去强行约束对方；比如理所应当，把别人对自己的好理解为理所当然而不去考虑对方的需求；比如权力斗争，运用强制、武力、暴力计谋等制造矛盾或是冷暴力等，这些都是破坏性用脑的例子。

什么是破坏性的用心？心理投射是其中一种。其实我们对伴侣的很多要求，很多情况下是把对父母的需要转移到伴侣身上，要求他们要像父母一样满足我们，这就是心理投射的一种；有些人在关系中会比较情绪化，那是因为人在关系中更易于"走心"，任由情绪流淌蔓延，这些都会对关系造成极大的伤害和破坏。

不好的亲密关系大多处于破坏性的用心或者破坏性的用脑这两种情况之下，很多的老夫老妻虽然还在婚姻之中，但两人却形同陌路甚至变成了仇人，只想着怎么才能保障自己的利益，而不愿意再多看对方一眼。

一般而言，亲密关系最好的阶段是恋爱时。恋爱时因为要赢得对方的好感，建立自己在对方心中的完美形象，人们通常都是心脑并用，既在意对方的看法，也很有意识地去经营自己，对自己的衣着打扮、言行举止都会有要求，同时还会保持一定的距离感和神秘感，想办法让自己在对方心目中最完美化，以此去赢得对方的爱和关注。所有的好感都需要去争取，没有人可以一直理所应当地对另外一个人好，因为关系的本质就是价值交换。

建设性的用脑的具体行为表现为懂得尊重对方、保持良好的沟通、坚持自我学习成长、拥有独自承担责任的能力和勇气、保持适当距离、先为对方创造价值、行为自律……

建设性的用心则表现为懂得关爱和欣赏对方，懂得用肢体语言去表达对对方的爱与关心，比如拥抱、亲吻、抚摸等，这才叫有效陪伴，而不是"身在曹营心在汉"，我们内心的真实感受虽未被表达出来，但伴侣是能够感受得到的。

七　重新塑造甜美关系

在关系中，我们要懂得用关系四象限的十字架来对标自我当下的状态，清晰自己在关系中处于哪个阶段，是建设性的用脑还是用心，是破坏性的用脑还是用心。

我们要先看到自己的亲密关系当下所处的状态，然后再回溯、回望两人热恋时的状态，经常对照、检验并追问自己当前对伴侣是什么感觉：追求？恋爱？七年之痒？抑或已经名存实亡？多想一想当初自己是怎么追求另一半的，为对方做过什么。可以试着把以前做过的事情重新再做一遍，比如送一些小礼物，营造一些小浪漫，制造一点小惊喜，花点时间想想对方的处境，去沟通、去交流，重新连接，找回两人最初时的那份美好。

婚姻中，我们要时刻提醒自己：像热恋时那样珍惜对方，不要时间久了一切归于平淡，也不要觉得对方的爱或付出是理所应当，遇事先想想对方，

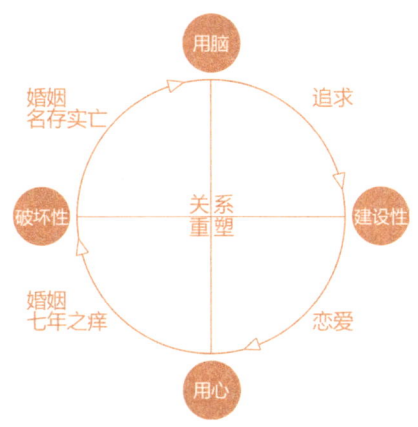

想想我们能为对方提供什么样的价值，然后才有能力接受对方给予我们的一切。关系是相互的，更是需要经营的，生活不只眼前的苟且，两人的相处也绝不都是热恋时的感觉，所以在经营关系时要心脑结合，既要懂情又要懂爱；既要有感性的情感释放，也要有对生活、现实的理性思考。

热恋时有情也有爱，爱是自然发生的，是一种无限美好的感觉，很难形容。爱有四个要素：真实、当下、无我、融合。所以很多人说，爱是奢侈品。的确，爱是所有，却很缥缈。爱像风，不知道它什么时候会来，也无法预判它何时会走，这种感受美妙、无形、无影更无踪。

而情像雨，雨落下，我们可以把它们聚集、装起来，否则就会蒸发，所以，情要靠日常中一点点地用心去累积。

好的爱情需要经营，而经营好爱情，就像要风得风、要雨得雨，你才有可能获得持久幸福的亲密关系。

1. 创造价值和存在价值

关系的本质是价值交换，所以在关系中，我们要经常自省：是否还有自我成长？是否有在持续地为对方创造价值？

要衡量创造的价值，我们要先知道如何定义价值。我把价值分为创造价值和存在价值。创造价值是指有形的部分，包括金钱、房子、车子……存在价值则是指无形的部分，比如对伴侣的关心、问候、鼓励、支持……对于亲密关系而言，创造价值和存在价值都很重要。

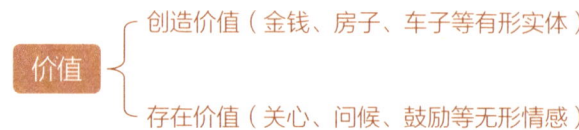

价值 ┤
　　　创造价值（金钱、房子、车子等有形实体）

　　　存在价值（关心、问候、鼓励等无形情感）

　　有一个很容易被大家误读的现象：在关系中给予的一方才算提供价值，比如大家所熟悉的"男主外，女主内"，男士负责在外打拼、创造财富，而女士负责家庭以及除工作以外的所有与家庭有关的社会事务。通常大家会想当然地觉得在外打拼的一方比较辛苦、贡献比较大，但其实"接受"也是价值的付出，两者是同等重要的。创造财富的一方提供的是有形的、物质的价值，而守护家庭的一方维持着一个家庭的稳健运行，给予的是温柔、承载、包容等无形的价值。

　　关系是太极，像上文提到的"男主外，女主内"，丈夫在外面打拼，他需要的就是一个温暖的家，而妻子把家庭维系好，就是对他最大的支持与回馈，这样阴阳两仪才能稳健地运行起来。

　　丈夫赚取的财富需要一个安稳的地方来承载，而且他也需要一个努力进取的动力，这个地方就是家。如果把财富比喻为水，没有堤坝，水只会不断流走。家庭女性就是那个能够拦蓄财富之水的堤坝，堤坝稳则承载力强。水有水的价值，堤坝有堤坝的价值，所以，并不是创造或是赢取才有价值，承载和包容同样是有其价值的。

　　相较而言，有形实体的价值是绝对的，但无形情感部分的价值则是相对的。亲密关系中的价值交换，无论是有形或无形部分，只要能转动关系的太极，都是必要且重要的。亲密关系中，无论是给予或接受、坚强或柔软、复杂或单纯……不管是哪一种品质，都有其价值。

　　感情不是无缘无故凭空而来的，当初两个人能走到一起，都是从用头脑的部分、从为彼此提供价值开始的。每个人内心都有一杆衡量得失的秤，默默地在为对方打分，比如外貌、能力、资源、家庭背景等各自所占的分量和分值。

马克思说："人是社会关系的总和。"人是社会性的动物，经营好各种关系是每个人都要做的功课。如果关系没有经营好，生活、工作、社交、身心就会有很多的阻碍和牵绊，影响着一个人前行的脚步。而好的关系则会让一个人在关系中获得各种帮助，包括情感的、情绪的、物质的等，身心由此得到滋养，才更有动力和能量去实现自我。

只有把外部关系、外部环境打理好了，人才能在自我实现的道路上心无挂碍，当关系和谐顺畅，处于一个良性运转的太极之中时，一切助力浑然天成，没有任何拉扯力，人才可以心无旁骛地去学习、成长，达到自我的实现。

2．建设性沟通的技巧

经营好关系，需要建设性的用脑，而建设性的用脑最重要的一个点就是要懂沟通的艺术。很多关系之间其实本没有问题，但彼此之间的沟通不畅，情绪之上很容易把一些事情放大了去检视，问题也就"出现"了。当一个人深陷于某种情绪时是很难理性思考的。所以学会建设性的沟通非常重要。

建设性的沟通是不预设情绪、立场和判断的，是两个人建立在脑部理性思维基础上的有效沟通。建设性沟通通常可拆解为以下几个步骤：

第一步，冷静下来针对当下事件或境况就事论事，头脑与头脑之间的理性沟通；

第二步，表达彼此对当下事件或当下境况的感受，心与心之间的感性沟通；

第三步，清晰彼此在未来关系里想要对方满足的需求，心与心之间的感性沟通；

第四步，制订能够去平衡双方需求的一些建设性方案，头脑与头脑之间的理性沟通。

用一个例子来说明具体的做法。某个周末，从农村来的岳母到一对生活在都市的夫妇家中做客，尽管丈夫对岳母百般尊重、礼让和迁就，但岳母在农村生活惯了，比较自由，不太懂得人与人之间的边界，三番五次无意却着实冒犯到了丈夫，比如无故跑进卧室拿东西、不敲门闯进书房、随意翻看手机等，终于丈夫忍不住提醒了岳母几句，老人家比较敏感，听到后很不开心，默默地拎起行李回了乡下。

岳母走后，妻子非常不开心，夫妻两人都在情绪中，于是大吵了一架。

过了一段时间，夫妻二人的情绪慢慢平复了，也都逐渐恢复了理智，于是妻子主动找到丈夫，说想跟他聊一下，希望能改善双方现在的认知。

妻子说："前几天我妈妈大老远来，你却给她脸色看，还很用力地甩门（第一步）。我当时感到很不舒服，我妈妈难得来一次，你却这样给脸色她看，我是很难受的。我妈妈来了，可能你会觉得生活节奏被打乱了，你感到不舒服（第二步）。但我们彼此之间可以多一些信任和沟通，我很需要你的理解与支持，相信你也是如此（第三步）。所以经过这件事情，我们达成一个约定吧，这样就可以避免一些不必要的麻烦：我邀请我妈妈来之前，会先跟你打声招呼，我也想请你在我妈妈来到家中时，多给予一些忍耐和理解。可能她有些小毛病是你不太喜欢的，你可以跟我说，但不要在她面前说，更不要给她脸色看，她老人家来一趟也不容易（第四步）。"

进行建设性沟通的前提是彼此都处于情绪稳定的状态，描述具体事情时，只陈述事实而不带主观评判或情绪，客观、真实地还原事件，不预设标准和立场，否则可能会引发新一轮的争吵。

在关系中，每个人对同一件事情或不同事情都会有不同的感受，有时同频，有时则是相反的。达成统一的重点是愿意做先让步的那个人，如果一方注意力在线，能够从心转到脑，从感性思维转为理性思考，就能先跨出这一步。如果两个人注意力都不在线，都被锁在各自的情绪里面，关系就会陷入胶着状态，产生更多的矛盾和冲突。

回到前文提到过的一个例子，作为广东人的丈夫听到来自四川的妻子提出想去吃四川辣菜时，如果他注意力在线，就不会只考虑自己而认为"妻子只顾着自己，不顾他人"，相反，他会看到妻子很想吃辣的需求，同时也觉察到自己不能吃辣的事实。当彼此的需求产生冲突时，要做的第一件事情是觉察到这个冲突，然后在理性分析的前提下做建设性的沟通。这种情况下丈夫可以这么说："我感受到了你很想去吃辣，我很认可你的需求，但我实在适应不了辣的食物，我更想吃广东菜，要不我们协商一下，今晚我陪你去吃四川菜，下次你陪我去吃广东菜，或者交换过来，这样可以吗？"

这就是一个建设性沟通的很好例证。但如果你已经做了一个良好建设性沟通的尝试，对方依然锁在自己的情绪里不依不饶，那你就要适当地调整表达的方式，明确告诉对方你无法满足他的需求。一味地忍让只会让自己变成拯救者，让对方进入受害者模式，即使这样，对方也并没有把你当成一个平等的个体来看待，而是把你想象成父母，要求你完全地满足他的需求。这种情况下，把握好度才不至于让自己在关系之中变得被动、盲从。

正常情况下，建设性沟通能够让冲突得以缓和，让双方的情绪和想法都有被看见和接纳的空间和机会，只有这样，对方才有可能重新回到平等的状态进行交流，展开理性层面的沟通。

在任何关系中，我们都要坚定一个立场：我们建立所有关系的目的就是自我实现，自己才是中心、才是最重要的。人生这条路，每个人都只能陪我们走一段，或长或短，天下无不散之筵席，包括孩子、伴侣以及父母，能够陪自己一生的，只有自己。

人生很短，所以要享受各种关系，在关系中成长、获得，而不是任由一段不好的关系把自己的身心消耗殆尽，坠入痛苦的人生泥潭。

> **在关系中要永远记住一句话："发生关系，发生价值；没有关系，没有关系。"**

所以，对于关系的来去、交情的增强或减弱，我们都要随缘。一种关系如果对双方都是有益增补的，那就有其存在的价值；相反，如果这种对等的价值交换基础不存在，则不要勉强挽留。人生是且只是一个人的修行，所经历的人与事，皆由缘生随缘灭，没有哪一个人会陪伴我们走完全程。活出自己，实现自我，只有先己后人地爱自己，才有可能有余力和能量去爱他人、爱世界，照亮自己的周边。

第 七 篇

Chapter 07

人生的全面蜕变——无中生有

成为自己的人生导师

一 内在世界和外在世界的运作原理

一个人的外在表现是其内心世界的投射和体现。如果用"有无"来对应的话，"无"是指内在世界，"有"则指的是外在具体可感可知的世界，有从无中来。我们每天都在有意无意地把内在世界显化为外部表现，这个过程就是"无中生有"。

任何事物都会经历两次创造，先有内在世界的创造，再有外在世界的创造。比如我们想要做一个蛋糕，要在内心先有做蛋糕的念头，然后一步步地去思考，要用什么样的材料做坯、什么奶油、什么烘焙方法、什么造型……有了这些思考以后，我们才会去一步步地行动，一步步把蛋糕制作出来。

念头、情绪、感觉会决定人的选择，并能通过外部表达显化出来。每个人的人生都是由自己创造的，我们每天都在"无中生有"，每天都在把内在显化为外在，只是大部分人对无中生有的过程是无意识的、无觉知的。

比如一个小女孩，从小到大生活在父母经常吵架的家庭环境下，最终父亲因出轨与母亲离了婚，母亲对生活和爱情总是满腹埋怨，经常在她面前数落男人"男人都不是什么好东西""朝三暮四""无情无义"，等等，将离婚的原因全部归咎于父亲。可以想见，这个女孩长大后会对男性有什么样的预设情感和偏见，而这种认知又会怎样影响她自己的爱情与婚姻。

当她长大开始谈恋爱、步入婚姻时，即便她想要找到一个与父亲完全不一样的男人，收获一段美好的感情，建立起幸福和谐的家庭，但是过往母亲灌输给她的认知会影响乃至决定她的具体行为，她很有可能会无意识地重复母亲的不幸，因为在她的内心一直都有一个声音："男人都不是什么好东西，都是不值得信任的。"

什么是信念？从字面上可以理解为"很守信的念头"，念头重复了很多次后，就会成为信念深植于内心，生活中这个信念会时不时地上浮，影响甚至左右人的行为，从而显化为人的外在表现与选择。

说回上文的小女孩，她的情感归宿很有可能是遇到像她父亲一样的男人，然后去"验证"自己内心对"男人都不是什么好东西"的认知，显化"婚姻都是不幸"的信念。

父母离婚，一直是她的一个心结，不断在她的内在发酵，直到在自己的情感经历中表现出来。

除非有一天她自己意识到了内心的这些念头，并且遇到一个足以令她信任的人，他对她说："没事的，父母离婚跟你没有关系，你父亲的情况、你父母的婚姻只是个例，男人是可以相信的，婚姻也可以是幸福的。"用这样的信念去弱化、替代她旧有的对男性、婚姻、家庭的认知，她才有可能转念，在爱情与婚姻中才有可能不走母亲的老路，不会像母亲那样选择父亲那类的男人，也不会在婚姻中除了抱怨什么都没有能力去做。

内心信任会显化为一个人的外在反应，反过来说，从一个人的外在表现也可以窥测到他的内心状态。一个人内心世界的构成决定了其外在表现。所以，如果我们想要对一个人做出一些有益的预判，比如他的将来是什么样的，人生大致会经历什么样的事情，不妨试着沿着这一影响路径进行逆推，从其当下在外部世界中的表现看其内心的状态，再看他的内在有什么决定性的信念或念头，根据这些内在的因素对其未来进行推测。

我们内在世界的成分，决定了外在世界的成分，如果我们想要知道我们将来会拥有什么，会经历什么，我们就要好好地检视我们的内在世界，因为内在是因，外在是果，内在是第一次创造，外在是第二次创造。

⊜ 由内而外地显化理想的人生

大部分人对由内而外的显化过程是无意识的，既做不了主，也不知道内在有什么，更对自己行为背后的原因一无所知。

有人可能会说："不是吧？很多人都过得挺幸福的呀。"确实，幸福的人有很多，幸福也有很多种，有一部分人可能是在很小的时候父母就帮他们植入了很多正向的信息，给予他们足够多的爱、温暖和关注，在这种家庭环境中长大的孩子通常会很幸福，但这种幸福也是无意识的，他们生活在其中却对幸福"无感"，不知道什么叫幸福，为什么自己能够幸福？这种幸福是很珍贵的，因为不是在困难或经验之中磨炼而来；但同时也是脆弱的，假如生活稍有不顺，这种"生而有之"的幸福感也很容易就会被摧毁。

也就是说无意识的幸福就像艺术，人们没有办法把这种艺术科学化。

所以，对于"幸福"，我们要"知其然而知其所以然"，既要有幸福的状态，也要知道能够幸福的背后原因何在。如果不懂得这一道理，即便一个人由于童年或是其他原因生活得很幸福，也仅仅是一份无意识的幸福，并不能体味到幸福真正的价值和意义。而要对幸福的认知系统化，就要对自我的内心状态有意识，让内在的构造有章法、结构和逻辑性。

如果平时没有刻意练习和留意，人们几乎都不知道自己在想什么，但如果我们想要从内在获取更多正向"无中生有"的能量，就要先了解自己内心的念头、感受和感觉。知道内在"黑豆"和"红豆"的数量，"黑豆"多可能会表现为外部世界中很多不好的境况；"红豆"多，则会在外在世界显化出美好、积极的状态。

所以我们要学会对内在生起的那些负面情绪保持觉知，让负面信息见光死，把情绪"黑豆"清理出去，然后再有意识地在内心培植越来越多的"红豆"，先清后补或者边清边补，这样人才能更好地了解、掌握自己的内在世界。管理好"因"，反映在外在世界的"果"就是自然而然的了。

那么，经营好了内在世界，我们又该如何去创造出自己想要的外在世界呢？

一个人脑中的念头大概是一个什么状态？其实，无论上浮或下沉，都是很混乱的，用一个词语形容，就是"一塌糊涂"，是散乱的、混沌的。

头脑的念头像是一个个散乱分布的点，没有线性规律可言，就更不可能形成一个个系统的面，无面不成体，所以说念头的初始状态是混沌凌乱的。如果想要有更为清晰而正向的外在显化，我们先要做的是清晰头脑的念头和内心的情绪及感觉，让它们具有结构性。

现代人活在不可计数的碎片化信息之中，一个人每天看几个小时的手机，却依然感觉什么也没有获得。一个懂得运用结构力的人，会把每一天都过得非常充实且有效，他会用结构力去构建自己每一天、每一小时甚至每一分钟的行为，这样，无论是时间、资源还是能量，都是围绕着某个既定结构而开展的，所有的付出也都在结构中形成积累，做事情也自然事半功倍。

一位非常成功的企业家曾说过："我的每一个动作都要计算成本和收益"，也就是他每一个行动都是有明确目标导向的：为什么要做？需要怎么做？耗费多少能量和资源？有明确的目标导向，做事情就会有计划或者蓝图，时间、精力和行为都在一个完备的结构中，其外在行为就会是系统的、有逻辑的且高效的。

一个有结构力的人不会耗费时间在一件无意义的事情之上，他会对自己所接收到的每一个信息以及每一点付出、每一次尝试都有清晰的规划。

梦想、蓝图、目标、计划，都属于结构。

所以"人一定要有梦想"是有其内在道理的，志存高远且又能落实在每一个具体的计划、规划、目标之上，梦想有了结构，才会有的放矢。如果一个人对自己的未来有明确的目标和清晰的规划，那么他所有外部的努力都会围绕着这一目标进行，并且在周围环境中创造有利于目标实现的客观环境，天时地利人和，才不至于在追梦过程中偏离了目标，人生也才会更为充实、更具实现感。

梦想、愿景和使命等的存在，其实是为了给人以道路和方向。在这些大的形而上的概念结构下，一个人的时间、精力、情感、金钱以及其他所有的付出才能有所汇集累积。只有这样，一个人在实现自我的过程中才会更具动力、价值和意义感，而等目标实现的那一刻，每个人都会由衷且感慨地感谢过程中每一点一滴的积累。

有这样一句名言："多数人因为看见而相信，少数人因为相信而看见。"梦想、蓝图，都是看不见、摸不着的东西，但因为信念而蕴含巨大的能量，在它们的指导下付诸行动，才会"因为相信"而"看见"成功。

在梦想与实现这一层面，我深信"吸引力法则"，人的念头、思想总是与现实中与其相一致的事情互相吸引而出现，其核心在于理想与信念。在这种吸引力的凝聚下，我们的付出由点成线、连线成面，再由面成体，愿景的轮廓就这样一点点清晰明朗了起来。

过程中，我们需要用到逻辑力、结构力、想象力。

脑海中生起了一个念头，其实就是一个点。

当我们依据这个念头再去展开思考，其中会运用到逻辑力，然后不同的念头就像不同的点慢慢汇成一条线，线性化的过程中，念头就变成了思维。

形成思维后，就需要用到结构力将思维清晰化和结构化，并在大结构的框架下形成一个个具体的计划书或蓝图，到了这一阶段，面就形成了。

最后我们要运用想象力把制订出的计划书或蓝图在脑海里进行反复预演，先把它们在脑中形成一个个清晰可见的预想实践画面，这时候体就形成了。

举个例子，我想要装修一个新中心，最开始它只是脑海中的一个念头，一个点；而当我想要把这个念头进一步推进、落实的话，就要用逻辑力去做很多方面的评估与考量，比如预算多少，时间够不够，准备装修成什么风格，等等，这个时候每一个零散的点组合在一起就形成了一条条的线；经过评估与思考，我就要运用结构力将这一条条线连成面，即形成一个比较清晰的装修规划和方案，并以这个方案为蓝本，与设计师一起商讨设计出新中心的平面图和装修效果图，这时候面就形成了；到了真正进行装修前，我还要运用想象力，反复想象新中心装修好的样子，并且对每个部分在未来的用途进行预演，以此来检验装修方案的可操作性和合理性，体也就形成了。这个时候，我的脑海中已经有了一个相对立体、清晰的新中心画面了。

无中生有，即把内心所想显化为外在表现的过程，当新中心在我的心中已经有了非常具象化的雏形，接下来我就会通过实践将它慢慢地完成。第一创造在于脑和心，是先行的、基础的，第二创造在于身的践行，是外化的、具体的。在第一创造阶段我们需要运用逻辑力、结构力和想象力，第二创造则需要用到行动力。

　　"无中生有"过程一览图：

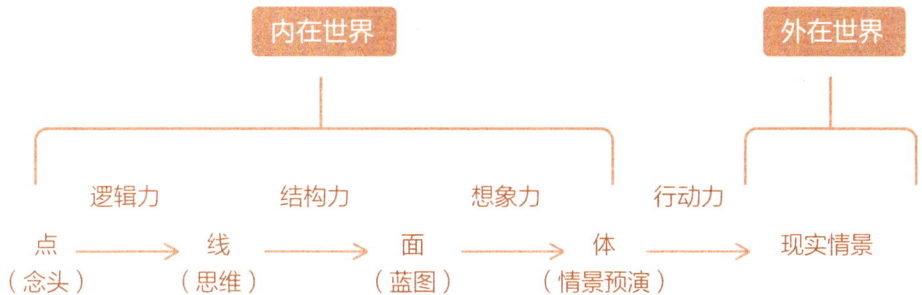

第 八 篇

Chapter 08

人生的全面蜕变——做智慧的分享者

成为自己的人生导师

　　"我的人生我做主"，要成为自己的人生导师，首先得对自己有一个比较深刻、深入的了解，只有在这一基础之上，我们才有可能去认识、了解、理解乃至包容身边的人、事、物，人性相通，推己及人是我们与外部世界的人、事、物发生联系的基础。

　　穷则独善其身，达则兼济天下。当我们有能力掌控自己的人生时，我们也可以做智慧的分享者，才有资格成为对他人有帮助的良师益友。

　　用结构力和解构力来分析一个人的话，可以得到一个清晰明朗的认知，人其实就是身、心、脑和注意力的组合体。持续不断的修行会让我们对自己的内在世界越来越了解，并且逐渐掌握自我内心世界的运行规律，一个人的修为如果能够达到这种程度，那么他本质上就是一名优秀的心理学专家：首先是自己的，然后是站在他人立场、角度上作心理疏导。所以，在日常生活一点一滴的小事上的自我修行非常重要，每解决一个问题、每疏导一次负面情绪，都是一次自我成长，直到有一天，当我们的伴侣、孩子、朋友或者其他关系中的人有了心理困惑，我们也能像心理咨询师那样，有能力去帮助他们。

一　六字心理咨询法

　　结合上图，由左向右第一个"脑"代表的是人的心理防御。心理咨询第一步也是关键的一步就是突破来访者的心理防线。如果一个人带着强烈的防御心理，再多的沟通都只是他戴着社交面具的自我保护，沟通也无法达到内心的层面，他的所有表达，也都或多或少地带着掩饰与伪装。也就是说，案主并没有对心理咨询师（下文简称咨询师）"敞开心扉说真话"，心理咨询就很难产生效果。

第二个"心"代表的是心理创伤。当案主卸下了心理防御，内心的伤痛才有可能被释放出来，才能为外部特别是咨询师所看到、感受到。

第三个"脑"说的是见光死。这是一条由心到脑的路径，是潜意识意识化的过程，也是案主心理创伤由内而外显现、表达的过程。在这一过程中，咨询师要引导案主尽情表达其内心情绪，过程中不要尝试打断或中断，要让其彻底释放。

第四个"脑"指的是去分析案主心理创伤的背后是什么，是什么样的负面情绪，这些情绪是如何累积。然后用一个新的、正向的观念去替代原有的消极观念，令其转为正念。

第五个"心"指在案主不断重复新植入的正向的观念后，正念会在内心生根、发芽，并成为案主内在一种全新的、正向的感受。

第六个"心"说的是先天之心的唤醒。

举一个例子。有一个小男孩，在他很小的时候爸爸为了参军离开了他，当时他很伤心，脑中只有一个念头："爸爸不要我了。"爸爸参军几年间一直都没有回家，这个念头就不断地在他的脑海里重复。可以看出，在小男孩的成长过程中，父亲是缺席的，导致他与父亲的关系也很生疏，对父亲总有着莫名的愤怒和距离感。长大后，这种念头并没有消失，而是一直在寻找表达的出口和机会。所以当他走进心理咨询室来寻求答案时，我尝试让他表达对父亲的观感，他的第一反应是："其实爸爸并不重要，没有爸爸陪伴，我也可以过得很好。"其实，这是他的防御机制在进行自我保护，第一步要做的是想办法让他卸下防备，让内心最真实的愤怒和悲伤情绪得以释放。

当他放下心理防御后，压抑多年的情绪就会开始流动。他开始激动、愤怒或是悲伤，这个时候咨询师要做的不是劝慰，而是尽可能地去引导他的这种释放，大喊、怒吼、流泪都可以，这些都是他在表达内心压抑多年的真情实感。怒吼、流泪、抱怨宣泄的过程就是见光死的过程，就是潜意识意识化的过程，也即由心到脑的过程。

哭完、吼完后他的情绪会慢慢归于平静，但疗愈只进行了一小部分，如果停在这个层面，是无法从根本上改变他对爸爸的看法，改善他与爸爸的关系的，因为他的脑海中还存有"爸爸不要我了"的观念，"见光死"只是内心创伤的释放，但脑的念头并没有转变，念头在，感受就不会改变，情绪也就会随时随地再度袭来。很多心理咨询都止步于此，这也是有些人尽管接受了心理咨询，但创伤和情绪依旧存在的原因，其实就是原有的、负面的念头没有得到改变。

所以，心理咨询并不是说只要卸下案主的防御机制，让他的情绪得到释放就可以了。同时还应看到案主内心那些已经产生偏差的观念，看到这位男士从小男孩时起就种下的"爸爸不要我了"这个观念，告诉他这种认知存在偏差，当年爸爸的离开并不是抛弃他，作为父亲，离开自己的孩子肯定有其不得已的原因，可能是经济方面的，也可能是其他的原因。对于这个原因的探寻，咨询师要一点点地去引导他自己去发现、找到，然后与他一起，在他的内心建立起一种新的观念，帮助他把"爸爸不要我了"这个观念转变为"爸爸并没有抛弃我，他离开我是有原因的，爸爸其实很爱我"。到了这一步骤，才算是帮助案主完成了转念。

在心理咨询过程中，之所以要帮助案主找到情绪的源头，是因为人们经常会以负面情绪来脑残自己。小男孩认为爸爸参军就是对自己的抛弃，那么"爸爸不要我了"这个念头就会一直伤害他，他也会因为这一念头对爸爸一直心存怨气。找到了这个念头，也就找到了他一切情绪的源头，然后再帮其转念，建立新的、正向的念头。

当我们帮他把旧的观念"爸爸不要我了"转变为"爸爸并没有抛弃我，他离开我是有原因的，爸爸其实很爱我"这一新的观念后，这一新观念还只是停留在头脑的层面，我们还需要引导他多次重复这一新的正向观念，直到它变成深植于内心的强烈感受，也即帮他在内心累积一份全新的正向感受。

最后是帮他连接回那份与爸爸之间先天的爱，可以用一些问题进行引导，比如：你还记得小时候爸爸牵着你的手的感觉吗？还记得在爸爸怀里很温暖的感觉吗？唤醒小时候他与爸爸之间融洽相处的记忆，也即从他一出生就有的那颗先天之心。

脑怎么解读从外部世界获取到的信息很重要，决定着一个人对一件事的看法甚至是三观。把爸爸的离开解读成是对自己的抛弃还是爱，对这位男士的人生将会产生完全不一样的影响。我们鼓励大家凡事往积极的一面去想，但人往往却"喜欢"脑残自己，深陷负面情绪的泥沼中不愿走出。

有人可能会对如何转念感到困惑。在做心理咨询时，咨询师不一定能够得知案主所有的创伤或者情绪背后的真正原因，但很多时候是可以根据一些基本的常识进行推测、判断的。

比如，一个孩子特别喜欢听妈妈讲故事，平时妈妈也会给他讲很多故事，但随着妈妈工作越来越繁忙，陪伴孩子的时间越来越少，而孩子没有变，依然希望妈妈像以前那样讲很多故事给自己听，面对妈妈的做不到，孩子是不可能想到妈妈是因为工作忙而没有时间，更可能想到的是"妈妈不爱我了"。成年人的时间有限，工作与亲子时间难以兼顾，这对于成年人来说是再正常不过的情况，很好理解，但孩子是没有这样的认知能力的。

大部分的心理创伤都源自于不理解，而不理解源于不了解。上述例子中的孩子之所以内心会受伤，源于对妈妈的不理解，不理解成年人世界里时间的不自由。

而心理的疗愈往往始于谅解，谅解又基于了解。很多时候当我们通过很多事实了解到真情后，谅解是一件自然而然的事情，而一旦能谅解，心就是开放的、坦诚的，心理创伤才能得到疗愈。

所以咨询师在进行心理咨询的过程中，要多留意与案主心理动因相关的信息，很多时候人只是困在了某种消极情绪之中，一叶障目就没有能力去分辨事实真相。好的咨询师就像是一道光，能够用理性去引导案主走出阴霾，帮其回归理性，从而转念。

现实情况中，并不是所有的心理咨询都是按部就班地把这六个步骤按先后顺序一一进行，而是需要根据所面对案主的个例进行调整。有些案主一到咨询室就忍不住流下眼泪，也就是说他在心理咨询的初始，心态就是开放的，没有过多的心理防御，这种情况下可以直接进入见光死阶段，让案主内心的真实情绪得到流通，让其内心的负面情绪得以释放。

事无定式。这六个步骤具体如何实施也没有固定的模板，可能会省略其中一两个步骤，但心理咨询的逻辑结构大都同此，大同小异。

所以，心理咨询是有章法、有技巧可循的，作为咨询师，需要同时了解一个来访者内心状态和外在表现，看到内外的不一致，并分析、找出影响其产生负面情绪和念头的原因，才能精准而有效地给予帮助，咨询师不能觉得自己的职别有多高或是经验有多丰富就想当然地仅靠一些灵感和经验给出不负责任的建议。换位思考，用心聆听每一位案主的倾诉，才有可能给予他们切实有效的建议和指导。

㊂ 心理防御的种类

上一节讲到心理咨询的第一步是帮助案主放下脑中的心理防御，引导其尽可能多地真实表达，这一步很重要。这一节就重点介绍一下心理防御机制的种类：

◆ 否认，即对某些真实发生的事情或真实存在的情感加以否定，以此来保护自己。

比如有些案主在做心理咨询时，不管咨询师问什么，他的第一反应都是"没有""不是"……这种类型的人基本都是在通过无意识地否认内心真实的感觉，来达到自我保护。

◆ 反向形成，即压抑自己内心真实的情绪，戴上一个跟真实情绪完全相反的社交面具。

比较典型的例子是当一个女孩子喜欢上一个男孩子时，虽然明明内心很喜欢，但总表现得对他很讨厌。做的跟想的完全相反，把爱表现成厌恶。寒傲孤高中的"寒傲"就是反向形成，也就是所谓的酸葡萄心理。

◆ 压抑，是指把一些不想面对的情绪打包封存于内心的某个角落，自我暗示、欺骗，直到如果不被提及，连自己都忘记了这些情绪的存在。

压抑是自我防御方式中最为常见的一种，不表现出来，也不否认，也没有反向形成，情绪、感受完全像"消失"了一样。

◆ 退行，是指一个人的表现与其年龄不相符，会变得更加幼稚、低龄，这是人们想通过退回到孩童般的状态来获取关注。

比如有些女士在伴侣面前有时会退行为孩子，喜欢撒娇，或者像孩子一样需要得到伴侣很多的爱和关注。同样地，孩子也会因为某些重大创伤而"选择"退行。2016年我接到一个个案，一名17岁读高中的孩子，某一天由于成绩下降被爸爸狠狠打了一顿，一夜之间他整个人的状态退行到了只有七八岁，去到哪里都要找妈妈，晚上要妈妈陪伴着才能睡觉，连说话的声音都变得特别稚气。这一例子就是一个人遭受了重大创伤时，心里无意识地产生退行反应的表现。

退行背后的原因是需求没有被满足。如果觉察到自己有退行的意识、趋向或是行为，就要有意识地从这一防御机制中走出来，观照没被满足的部分并采取相应的弥补措施；或反省自己的需求是否合理，或自我满足等。一个人不可能一辈子都以孩童的状态生活，而是要去承担自我满足、自我成长的部分。

◆ 白日梦，指人们试图用幻想的方式来满足现实中没有得到满足的需求。

简单来讲就是自我开解、自我安慰，但白日梦是基于假想、假象而获得的短暂满足感，无法从根本上解决问题。

◆ 投射，是指人们把自己内心一些不好的情绪、感受归咎于外人，试图让其为自己的情绪负责。

人们经常会把一些情绪或感受向外归因，因为这样更利于自己接受。比如一个小女孩经常被爸爸打骂，当她长大后，一与男性接触就会联想到爸爸带给她的感觉，就会莫名地紧张和恐惧，尤其对于伴侣更是如此。很多时候她的感受跟伴侣的关系并不大，她要的只是把累积于内心对爸爸的负面情绪找"理由"迁移到伴侣身上，从而得到某种程度的"发泄"。

如果意识到自己对他人有这样的情绪转移，就要重视并及时停止。一个把太多的情绪都向外部归因的人，把自己的痛苦指向伴侣、公婆或者孩子，是很难有真正成长的，也很难获得真正的幸福。真正的成长是要有对自己负责的能力和主观意愿，因为一个人能在外部环境中获取到什么，很大程度上取决于其内心。开心时看到的一切事物都是令人欣喜的、正向的，悲伤和恐惧时看到的外部世界就会充满障碍。唯有看见和及时调整，才能保证内心的平和与稳定。

◆ **置换**，即将对某个人的情感转移到另外一个人身上。

譬如某位男士非常喜欢自己的前女友，却因各种原因而无奈分手，在他的内心，一直对前女友念念不忘。后来他进入了一段新的恋情，女友各方面都与前女友很像，在这段新的恋情中，他就是把现女友当成了前女友，这就是置换，通过置换去弥补内心的空洞。

◆ **合理化**，指为自己一些行为或境况找到一个貌似合理的解释以自洽，掩耳盗铃说的就是这个道理。很多事情、道理可能在旁观者看来是毋庸置疑的，但身在其中的人却还是倾向于选择给一个自己可以接受的理解来"狡辩"。

比如偷窃明明是一件错误的行为，但很多小偷却非要为自己的这种行为找一些理由，虽然他们的内心可能也并非这样认为的，但他们做了这件事并不想承认，就得找借口为自己开解，这就是合理化。

◆ **摄入**，是指未经筛选地吸收外界的各种信息，让这些信息"长驱直入"，装载在自己的内心，成为自己的一部分。

摄入与投射是一组相对的概念，投射是往外归因，摄入是向内吸收，一个是把自己完全撇清，另一个则是把自己全然投入一种混沌、未知的情境之中。

"替代性创伤"就是摄入的一种，把一件与自己关系不大的事情、某些情境想象成自己的亲身经历，用极强烈的代入感去感受，就好像真的发生在自己身上一样，这就是替代性创伤。现实生活中，这种情况是很常见的，很多的新闻报道如头条新闻、小道消息以及各种APP、平台，每天都在传播着大量负面的新闻，人们很容易就代入其中。

　　记得有一个新闻，讲的是一个女士因为某些原因不堪重负，最后跳楼轻生，而她的邻居经过现场时看到了悲剧的发生，内心生起强烈的悲伤，可能联想到了自己一些不开心的经历或是感受，不久之后也跳楼了。

　　很多负面新闻、视频或者信息，除了对人产生情绪上的负面影响外，一点帮助都没有，而我们往往又很容易陷入其中。所以我们要经营好自己的外部环境，对外部信息保持警觉，并做筛选：有意识地去屏蔽、过滤掉一些负面信息，因为有些信息虽然与自己一点关系都没有，却会牵动自己内在的情绪，负面新闻、负面经历，都在撩动着我们内在的不安和恐惧，不仅帮不了别人，反而会在自我不断地"脑残"、代入过程中对自己产生伤害。

　　有一些咨询师在帮别人做心理咨询的长期过程中，经常听案主关于不良情绪的倾吐又没有很好地清理自己的内在空间，慢慢地自己也好像变得情绪低落、郁郁寡欢。其实并不是心理咨询的问题，而是他把自己代入了一个个的个案中，案主的痛苦变成了自己的痛苦，听多了就无意识地形成了替代性创伤。

　　所以咨询师要与案主保持一定的距离，清醒地认识到：自己是照亮案主内心的那一道光，他们的喜怒哀惧都只是暂时遮蔽内心的乌云，自己要去照亮他们的"先天之心"，同时也要时时照拂自己的"先天之心"。

　　我们看到的只是一个客观的世界，只要不去想着改变它就不会被影响。作为心理咨询师也不要试图改变案主，而是去聆听、去引导，然后让他们回到本真自我就可以了。

　　所谓的同理心，是说人要有感受别人的感受的能力，而并不是说要把别人的感受变成自己的。能够感受到别人的情绪，人就有了理解别人的基础，但理解不等于成为，两者之间是有不同的。理解是沟通的基础，但代入不仅于他人无益，还会对自我造成伤害。

但这两种状态之间的界限是很微妙的，有时候稍微不注意就会滑入替代性创伤的漩涡。所以，永远不要想改变任何人，也不要想变为任何人，否则就很容易产生替代性创伤。

有些咨询师很在意案主的评价，担心对方会不会觉得做了心理咨询也没有什么改变。其实做心理咨询只是外力，关键在于案主自己的内心是什么状态，如果是开放的，那么建议和疏导就会有作用。而如果他仍带着强烈的防御意识，咨询师也无能为力。

所有的医者对待病人最好、最有效的方法就是冷静、理性且保有一定的距离，这样才能给出最专业的判断和指导，否则将会陷入感性的拉扯之中，徒然对病人的伤痛感到痛苦难受，却于人于己无益。

如果咨询师在做完咨询后心绪久久不能平息，那就是自我代入案主的情绪之中了，咨询师要对此有觉醒，认清自己在咨询时的身份，做出客观、专业的判断，而不是像朋友那样去无限走近案主。所以我认为咨询师要坚守的三大原则就是：不可怜、不评判、不改变。

社会上每天都在发生着各种各样的事情，对于如此浩繁复杂的信息，不仅是咨询师，每个人都要有所警觉和保持对其的筛选。规避那些与己无关的、有巨大负面能量的信息，可以共情，但不能长久陷入其中，更不要尝试代入。

其实心理防御机制还有很多种，以上所列九项只是比较常见的。心理防御也不是一天两天形成的，有其积累的过程。对于心理防御机制，大家也不要抱有好坏对错的标准，情况不同或事情所处阶段不同，心理防御的作用和影响也会不同。

一般来说，心理防御在初始阶段都是有益的，但久了就会变成一个牢笼、一种羁绊。举个例子，一个小男孩在他很小的时候就被爸爸遗弃了，一开始这个孩子会发自内心地哭泣，通过各种方法来宣泄内心的伤痛，但当他一次次地哭泣、宣泄得不到任何人的安抚或是任何回应时，他就会慢慢压抑自己的真实感受，而在内心建立起强大的心理防御机制："我并不需要爸爸，没有爸爸我也可以过得很好！"心理防御机制令他把"爸爸离开了，我很难过"这一情绪压到内心深处不再表达，在外在表现出自己也不在乎这件事的样子，以此来形成一种自我保护。

当有一天爸爸重新找回小男孩时，如果小男孩这时候能够放下心理防御，真实地表达自己对爸爸的感觉："爸爸，你当时离开了，我很伤心，我以为你遗弃我了，我哭了很久……""爸爸抛弃我"的这种想法就会见光死，亲子关系也就有可能慢慢地修复。但现实情况往往不尽如人意，更有可能的真实情形则会是：虽然爸爸回来了，但男孩的心理防御还在，而且已经成为阻碍他表达自己对爸爸真实感受的牢笼，各种负面的情绪构筑起厚厚的防护墙，把爸爸推开，他将可能永远无法得知爸爸当年舍弃自己的原因，也有可能永远体会不到父子亲情。

有的孩子转学后，在新的班级一开始会被其他同学孤立，心里会特别难受，这份难受如果维持太久，孩子的内心可能就会产生反向形成的心理防御机制："我不喜欢你们这帮人，我一个人也可以很好，我不需要和你们这些人做朋友。"如果这个心理防御机制一直没有解除，那么它就会变成牢笼，这个孩子可能以后都很难交到朋友，因为他已经失去了信任别人的能力。

也就是说，心理防御机制是理性头脑的一种自我保护工具，工具本身并没有错，但如果长期困在心理防御机制里面，就会产生依赖，当境况转变仍然会选择筑起它来防御。所以当伤害成了历史，已经不复存在，我们就要有意识地卸下防御，做回真实的自己，重新打开心门。

三　心理咨询的常识

心理咨询，顾名思义就是心理层面的咨询，与商业咨询、法律咨询或者其他事务性咨询是有本质区别的，分工当然也就不一样。心理咨询关注的是人的心理，关注的是内在而不是外部，关注的是案主的内心，所以不能根据案主所陈述的某一个具体外在事件而给出解决方案。

美国著名心理学家阿尔伯特·艾利斯（Albert Ellis）于20世纪50年代提出了"情绪ABC理论"。A是指事情的前因，B是指信念和我们对情境的评价，C是指事情的后果，很多时候，一个人如何看待一件事情，跟他的B，也就是我们内在的信念和对事情的评价，是息息相关的。

心理咨询要做的最重要的一步就是看到案主对某件事情的看法和态度，然后再去纠正他对事件的某种错误看法和负面态度，心理咨询要关注的就是案主的内心，而不是其外化的表现。

这是心理咨询的常识，也是其核心和本质。心理咨询就是围绕着心理的咨询，否则就与其他事务性咨询无异：案主问一个问题，咨询师给出很多外在的解决方案。但重点是，对事务性咨询的解决方案往往具有一定的普适性，而心理咨询则是一对一具有针对性的问题解决。而咨询师也并不比案主对事件有更多的了解。比如案主跟公婆吵架了，咨询师怎么可能比案主本人更懂她的公婆呢？所以咨询师更应该关心的是她对公婆的态度，或者内心对公婆的判定，而不是教她搞定公婆的具体方法。

人的心理问题大多源于B，也就是其心理状态，而不是造成这种心理状态的某个/些事件。很多人会质疑：我也上了很多的心理学课程，但是为什么问题没有得到解决，而且还越来越多了？要知道上了心理学相关的课程不代表问题就会得到解决，关键在于人在心理学课程上有没有学到转念的能力。当再次面对外在的问题时，心态是否发生了改变，如果不会再像以前那样被情绪牵着走，可以做出不一样的反应，才说明课程有了作用，人也会有更多的选择。

对于咨询师来说，案主永远是最重要的，所有心理疏导的方法、方式以及建议都要围绕着案主的心理状态进行。咨询师不提供解决具体事情的方法，而在于具备能疏导案主心理、唤醒其内心的能力。一些经验不足的咨询师却往往会陷入这一误区，把自己想象成一个问题的解决者，不仅不能帮到案主，还会把问题、矛盾扩大，把案主的关注点由内心引到他的伴侣、孩子或者更多不相关的人身上。比如案主来咨询"孩子不上学"的问题，咨询师就应该跳过"孩子不上学"这一表象问题,不能带着案主一起想办法搞定孩子。咨询师应该关心的不是案主的孩子读不读书,而是案主对这件事情的认知和态度。

四 心理咨询的准则

1. 咨询师绝对不能猜测

如果一名咨询师对某个案主的问题一时难以给出建议,那么就不要给建议,即使没有完成转念的步骤。因为在前面步骤已经做完的基础上,案主不好的情绪至少已经得到了见光死疗愈,其实此时心理咨询已经进行了一大半。作为咨询师,给建议时一定要"宁缺勿猜",不要想当然地凭经验强行让案主转念,也不要在时机不成熟时去硬找事情的根据,即使找到了,也很有可能是错的。

咨询师要对案主的一言一行、表情反应足够敏感,如果案主反复讲述几个信息,咨询师就要对此加以留意,并试探性地进行引导式询问,看是什么事情导致了其这样的内在情绪,如果他听到后有很大的情绪波动,甚至是哭泣,基本上也就验证了之前基于他的表现所做出的推测。

咨询师在给出一个定论或是建议之前,一定要有十足的把握。往往经验越丰富的咨询师,越有可能给出精准的治疗建议,但这种精准绝不是仅凭经验而来的。如果在信息不完备的情况下为了给建议而给建议,很有可能会在案主内心植入新的不好的"黑豆"种子。

我听过一个案例,一名案主跟咨询师说过自己的心理困扰后,咨询师仅凭猜测就下结论说:"你应该是私生子,才会发生这样的困扰。"案主回去做了基因检测,发现结果并不是咨询师所说的那样。真实的情况是咨询师自己才是私生子,他在做咨询的过程中无意识地把自己的人生移植到了案主身上。

2. 不要帮案主做决定

永远都不要帮案主做决定，离不离婚、保不保胎、卖不卖房……任何决定都不要帮案主做，因为咨询师做什么决定都极有可能是错的，咨询师的职业要求是为案主做心理疏导，永远不要超出这条线，超出的任何部分都不要以咨询师的身份给出。可以帮他去理清对金钱的态度、在婚姻中与伴侣的关系，但永远不要让他辞职创业，或是离婚。所有的人都应该为自己负责，心理咨询的意义在于方向的引导，而接不接受、接受多少、最终做出什么样的决定都是案主自己的决定。

3. 不评判

无论案主讲了些什么，咨询师都不能评判或是制止，聆听案主是咨询师收集信息的渠道之一，然后才是基于对这些信息的分析而进行的心理咨询，千万不要仅凭案主给出的信息或是讲述时的态度就将其定义成某种人，在他身上贴标签。做心理咨询就像是一面镜子，要让案主自己照见其内在的情绪。镜子只是一个客观实体，它没有态度、不会评判，只会如实地呈现一个人当下的面貌和状态。

4. 不可怜

咨询师一旦对案主产生可怜的情绪，就极有可能陷入来访者的情绪之中，尝试去拯救他或者改变他，这种情况下很有可能产生替代性创伤，对案主却没有一丝一毫的帮助。案主需要做心理咨询，并不是想要多一个人同情自己，而是需要一个能够帮助自己的人。

5. 医不叩门

没有一个医生会主动对一个人说"你有病，需要医治"，咨询师也是如此。不要主动告诉别人需要做心理咨询，因为心理咨询能够有良好效果的前提是案主卸下防备，而卸下防备的前提是案主的自觉自知。如果是被告知，那很有可能他还没有意识到自己的内心出了问题，即使是做了心理咨询，内心也不可能是完全敞开的状态。

6. 善用想象力

咨询师要根据案主当下的状态，去调动他的想象力。如果希望引导案主看到自己内在更深层的部分，有时候使用语言或文字可能效果不大，而画面或许更能触动到他们的内在。

"望梅止渴"这四个字实际上本身不具备任何味觉的吸引，因为没有涉及心的层面。但如果我们将其转换成一幅画面，人们就会有流口水的反应。当咨询师帮助案主做疗愈时，如果想为案主植入一个"妈妈很爱我"的念头，就要用引导性的描述进行启发："妈妈年轻的时候，总是喜欢牵着我的小手，带我去买喜欢的糖果，有时她会抱着我转圈圈，还会抱着我讲绘本，温柔地唱着童谣，用手轻轻地拍着我的背，耐心地哄我入睡……"用这些画面帮助案主脑补妈妈的爱。

想象力是天马行空的。念头从环境来，情绪从念头来，所以念头也是多种多样的，如果能够运用脑的想象去将一个个念头拼凑成一个画面，对于心来说将会有同样的效果。因为心根本不知道这些画面是真是假，更不知道这些信息是从外部获取的还是自己想象的。

信息进入的一般路径是先进入脑，脑的念头累积后进入心变成情绪，再沉淀成感受，而想象力则并不需要外在真的发生什么，主观的一个念头，以及这个念头产生的情绪和感受，即便没有真实的场景发生，也能在脑海里形成一个画面。对于心来说，与从外部获取信息再由脑入心形成身体的感觉并无二致。

心理咨询过程中，咨询师也不可能真的把案主的父母请到咨询室，即使他们来了，也不再是当年的父母。既然不可能，要怎样才能把以前的父母"请"到案主面前进行和解呢？唯一有效的方法就是调动案主的想象力，通过脑补来帮助他疗愈。

7. 避免创伤事件细节化

在心理咨询的过程中，要避免让案主去描述与创伤相关的具体细节，因为太多的细节、太清晰的画面容易让案主陷入其中，脑残自己去重新经历一次当时的痛苦，造成二次创伤。所以咨询师不要引导案主描述过多的细节，对于相关具体事件，只需做大概简单的描述即可。

咨询师要多引导案主讲述感受："当时面对这个人，你觉得很恐惧对吗？这个事情的发生，让你感觉到很愤怒是不是？"多用这些引导性的语词，诱导案主把内在负面的情绪发泄出来，让它们见光死。如果案主一直不停地描述细节，咨询师要及时把他带回到当下。

五　心理咨询中的望闻问切

了解了心理咨询的原理和常识，我们再来看看有什么技巧可以让心理咨询得以更顺畅地展开。我把这些技巧总结为四个字——望、闻、问、切。这与中医意义上的望、闻、问、切是不同的概念。在与案主进行心理咨询的过程中，掌握并灵活运用望、闻、问、切，就为咨询创造出了一个良好的太极。

"望"

首先是"望"，如何望是非常重要的。首先，望要有眼神上的区分，眼神有三种方向：往上、中间、往下。

面对不同的人要用不同的"望"法。如果是老板，我们的眼神要往下，望他的脖子和下巴部分的区域。从太极意义上讲，领导属阳，我们就要表现出阴的部分，谦卑一点，眼神放在他眼睛以下的部分，用这种方式表现出尊重。如果是与同学或者朋友在一起，双方在各个层面基本是平等的，我们就可以望他们的眼睛和鼻子这些区域。如果自己是领导，在下达任务时，要望着下属的眉毛区域，显示出阳性的权威和力量感。在望向别人时，你可以以对方的眼睛为参照，你平视就是平等的状态，越往上就越具阳性力量，越往下就越具阴性属性。

其次是眼光，也即眼睛的光线。眼光也有阴阳属性之分，军人有军人的眼光，医生有医生的眼光，客服有客服的眼光。军人的眼光是很锐利的，像鹰一样。而商场服务员的眼光则通常都是非常柔和的。在做心理咨询的过程中，如果案主已经在哭着宣泄情绪，咨询师就要以温暖、包容、理解的眼光看向他，让他感到自己是被允许、理解和支持的。

我们每个人，尤其是咨询师都要学会根据距离来调节自己眼光，锐利的眼光是直线的，柔和的眼光则呈弯曲态。当我们需要锐利的眼光时，就将眼光由内往外直线式地发射出去，当需要眼光变得柔和时，就要从内看到外，再从外看到内，呈现出一种游离、朦胧、似是而非的状态：感觉像在看对方又不太像，因为这种情况下人的眼光不仅是在看对方，也有一个角度是在看自己。

锐利的眼光像一束光一样，聚焦于某一个点之上，而柔和的眼光则是涣散、模糊、不聚集的。我们看伴侣的眼光就应该是柔和的，如果他遇到困难、感到迷茫时，我们就要把柔和的眼光变得坚定，以显示出我们的支持。

比如领导在工作中要显示出自信和权威感，这时的眼光应该是尖锐的、直线的，以显示出一个人的职业素养与坚定。

老师的眼神也要坚定，站在台上传道授业解惑，如果整个人的气场毫无底气，说话支支吾吾，眼神涣散，作为老师的可信度就会大打折扣。

而作为咨询师的眼神则需要灵活。在进行心理咨询的过程中，要时刻根据案主不同的状态去调整望向他的眼光和眼神，也就是要时刻地根据情况的变化创造新的平衡太极。

最后，望还要体现出对细节的观察。比如看到对方长了很多痤疮，我们就可以判读可能是内分泌失调导致的；看到对方老是按摩腰部，可能他的内心有很多的恐惧；看到对方年纪轻轻就开始驼背，大概可以判断他的脊椎或是相关的骨头有问题，骨头一般与阳性能量有关，我们就可以进一步去了解他与父亲的关系，通常与父亲关系不好就会产生对抗的阳性能量，容易导致骨骼问题。

我在接触案主的时候，几乎每时每刻都在观察：什么时候他的眼睛开始湿润、什么时候他还处在自我保护的模式中，等等。当他眼光涣散时，我要表现出关心；当他眼光锐利时，我就要把自己的眼光变得柔和一些，如果看到对方坐着坐着往后退缩，很有可能是在惧怕些什么或者处于防御模式之中。

所有的细节，都可以通过"望"来看到并探寻到其深层次的原因。那么，如何通过"望"来判断对方的状态是在脑还是在心呢？一般来说，当对方在脑时，他的眼神聚焦，身体呈现出防御的姿态，语气冷静，说话不带情绪，充满逻辑性和条理性……

当对方在心时，他的眼神涣散，身体放松，语气有温度、绘声绘色、情绪饱满，没有太多的分析，面部表情较为丰富。

咨询师要根据案主当下的状态，及时适度调整太极。

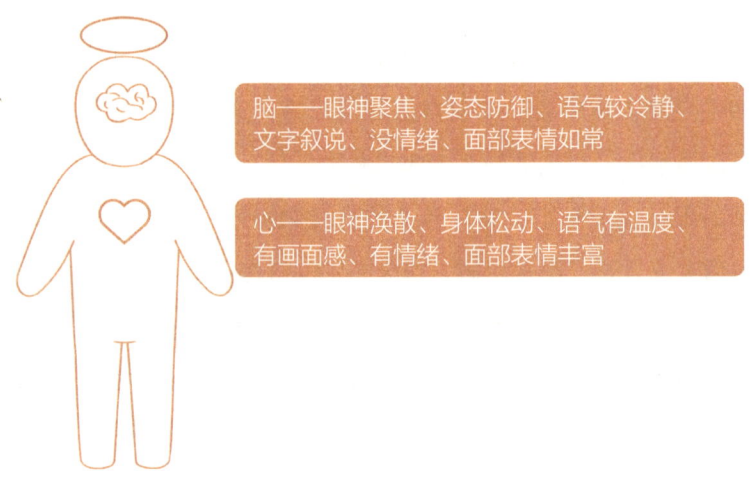

脑——眼神聚焦、姿态防御、语气较冷静、文字叙说、没情绪、面部表情如常

心——眼神涣散、身体松动、语气有温度、有画面感、有情绪、面部表情丰富

"闻"

何谓"闻"？闻即聆听，在心理咨询过程中，咨询师要聆听多于表达，因为表达是阳性，而聆听是阴性，耳朵是向内接受、吸收的，但嘴巴则是指向外部的。当一个人讲话时，是充满阳性能量的，如果想获取别人的好感，就要多聆听，因为大部分人都不会喜欢别人说教，而更喜欢自己被听到、被关注。

面对案主，咨询师一开始要以聆听为主，只在一些节点偶尔插一两句话。一个受欢迎的人是同时拥有聆听和发问能力的。聆听最重要的一点是要保持注意力在线，专注地听。会聆听的人就有可能成为优秀的咨询师，有时候案主并不需要答案，他需要的是一个安全的、可以倾诉的场域，一个专心倾听自己的人，让他得以把内在的情绪垃圾释放。

聆听加以恰当的回应就是非常好的咨询方法。但要注意，咨询师在聆听的时候不能带着太多的价值判断和情感预设，否则就会过滤掉很多的信息，无法聆听案主的全部。

"问"

"问"即问问题。前面的章节我们讲到做心理咨询时要有观察细节、聆听对方的能力，当对方表达完，接下来的阶段中咨询师要懂得用一些提问或者引导性的方法让对方继续多表达，自己就能从中得到更多有用的信息。

也就是说，当案主表达完，太极就会暂时停止，咨询师要通过问问题去创造一个阴极，在案主回答问题时撬动他的阳性表达，太极才能继续转动起来。

提问的方式有三种：

一种是封闭式的提问，比如"你吃饭了吗？"

一种是开放式的提问，比如"你今天想吃什么？"

还有一种是引导式的提问，比如"你觉得这种天气吃辣的好不好？"

当咨询师成功引导案主接着表达，他的话匣子会再次被打开，有了新的表达机会，如果这时咨询师的目光柔和，眼神中还带着鼓励，对方就愿意表达更多。

"切"

"切"指的是身体接触。身体接触是非常有讲究的，首先要根据与对方的关系亲疏来选择身体接触的程度和范围。如果与某个人才刚刚见面，就不适合过于热情，打个招呼、握个手即可；而如果跟对方的关系比较熟时，接触就可以再深入一些，比如拥抱。

前文提到"一触即发"，说的是触感是人类最古老也最敏感的感官，触碰常常会引发人的很多情绪、感受。在沟通过程中，有身体接触和没有身体接触是有很大区别的。

如果在心理咨询中有一些适时的、令案主舒适的身体接触，以此来表达咨询师给予对方的回应，将会对咨询效果有很大帮助。比如当咨询师感受到案主的背部有所紧张，就可以通过轻轻触碰他的背部以示鼓励或是理解，让他放松下来。

"望、闻、问、切"的每一步在整个沟通过程中都非常重要，四者合力推动整个心理咨询过程这一太极的有序、有效运转。在这一太极中，咨询师有时候是具阳性属性的，有时候则需要阴性的呈现，节奏与时机，要视案主的阴阳状态进行调整以保持太极的动态平衡。

> 每个人的生活都包括内外两个世界，大部分情况下，我们会花更多的时间去经营外部世界以期能更好地为己所用，却对自己的内在世界缺少关注、了解。内在世界对每一个人的影响虽然不是显性的，却至关重要，因为它决定了我们的绝大部分外在表现，所以每一个人都应该对自己的内在世界有所了解。

有些人一听到"心理咨询"这几个字，就会下意识地认为是病人才需要做的而选择逃避，其实几乎每个人都或多或少存在着一些心理问题或障碍，都有心理咨询、疏导的需要。我们首先得承认这一点，再去慢慢地了解自己内在世界的状态运行原理，知道什么时候自己需要心理咨询，需要什么样的方式、方法进行咨询。其实，有时候心理咨询并不一定要找到专业的咨询师，前文说过，只要有对自己内心世界敏感觉知、及时调整的能力，自己也可以为自己做心理疏导。懂得了这些，我们就能够熟练觉察自己内在世界的状态，及时帮自己做心理调节、心理疏导，慢慢地，运用这套科学有效的方法，你也能够为身边人做心理咨询，帮助自己和他人收获更加幸福圆满的人生。

结 尾 篇

一切才刚刚开始

成为自己的人生导师

　　我们经常会听到一句话："人，总是在失去之后才懂得珍惜。"为什么？因为所有我们得到的，最终会慢慢沉入潜意识之中而为我们所忽略。只有面对失去，对损失的厌恶和不接受才会让我们有痛感、知觉，才会重新对其进行审视。

　　新鲜的人、事、物，一开始停留于我们的意识层面，而随着时间的推移开始"习以为常"，它们就会沉入我们的潜意识之中，一旦进入潜意识，我们就失去了对其鲜活的觉知。直到有一天即将失去了，它们又会重回意识层面，被我们所觉知。

　　就好像我们的伴侣和孩子每天的陪伴让我们甚至都不会想有一天伴侣会老去，孩子也会长大、离开自己，等到有一天孩子真的离开去开始他的新生活，我们才意识到这一事实，而当我们意识到的时候，已经是他们离开我们的时候了。日子在习以为常中令我们忽略了变化，无意间就错过了很多。

　　日复一日的陪伴让我们以为这是一种必然，温水煮青蛙般地忽略了"天下无不散之筵席"这一人生真理。每一段关系都是缘分，是缘分就会有聚散，父母、孩子甚至爱人亦是如此，只是有些人匆匆过去，有些人陪伴我们几年，有些十几年……但也逃不出开始即意味着有结束这一宿命般的轮回。只是我们大都在习惯中慢慢失去了对他们的新鲜觉知，在无意识中度过了这个过程。

　　所以，我们要对身边的人、事、物保持得之若失的觉知！不管现在拥有什么，都要像过最后一天那样过好每一天，珍惜身边的一切，包括你的孩子、伴侣、父母、同学，你拥有的所有东西，房子、车子、财富，还有你的青春、健康……不要等到失去时才懂得珍惜，不要等到为时晚矣时再去弥补和挽救。

　　我们时刻都要对自己所拥有的一切怀有感恩之心，时刻感恩现在所拥有的一切。

　　记得我有一位朋友生病出院后跟我们分享他在住院期间的感受，他说：

"当时我隔壁床是一位很成功的企业家，患了严重的疾病。有一天深夜，这位企业家睡着睡着哭醒了，旁边陪伴的是他的妻子，他哭着诉说道，'这几十年只顾着赚钱，日子都不知道怎么过来的，现在即使拥有了财富，又有什么用？这段时间在各地奔波，找医生治疗，没想到努力、拼命换来的是这样的结果，我真希望能多活几年，如果再回到以前，我一定会好好生活，好好享受已经拥有的。'"朋友说，隔壁床病人让他真正体会到了人在即将失去的时候才会特别地清醒，意识全部都回来了，才会知道什么对自己来说是最重要的。

我们平时对于自己已经拥有的东西都会觉得是理所当然，包括身体、家人、朋友、健康等，对于所拥有的一切不知感恩，殊不知，对于那些手脚受伤的人或者残疾人来说，拥有健康的身体是一件多么值得珍惜和感恩的事情。大多数时间人都是在对既有无所知觉的状态下生活的，包括空气，有人尝试过感恩空气吗？有些地方的空气，一年中大半时间都是重度污染的，而生活在有清新空气环境中的人们，有试过大口呼吸，然后对空气深深地感恩吗？试着这样做一下，你会深切体会到，只有感恩才会懂得珍惜，只有珍惜，才能过好当下，从而拥有一个充实无悔的人生。

有些人喜欢通过一些极限运动，比如攀岩或者赛车来获取新鲜感和刺激感，找到活着的感觉，但这些感觉并不会持久，真正持久的是日常生活中重复和琐碎的事情。敏感地去觉察自己所拥有的一切，把已经拥有的想象成将要失去那样去珍惜、去感恩，感受人间的这些烟火气息，这才是真正的活着。

昨日之心不可得，今天之事亦有着诸多的变数，懂得了这一事实真理，才知得之若失和感恩的意义。感恩身体，它每天为自己孜孜不倦地工作；感恩每一顿饭，因为还有人尚不能解决温饱；感恩每一件衣服、每一件首饰，就像很快就会失去它们那样去爱护它们；感恩你的眼睛，有一天它会老花浑浊；感恩你的一头乌发，因为有一天会白发苍苍；感恩你拥有的财富，当你有一天离开，这些也都不再属于你。

　　得之若失，需要脑和心启动，把意识和潜意识同时激活，对两个层面的感觉都保持觉知，人生才能活出该有的价值和品质。

　　得之若失的反面是失之若得。

　　我们不仅要对人生有得之若失的态度，也要懂得失之若得。有一天你真的失去了一些东西，比如青春，或者某段关系，你也要保持拥有这些东西时的心态，经常脑补，让自己一直处于丰盛的、充盈的状态。一个真正的、精神层面的贵族，并不在于拥有多少的财富，而是整个人所散发出的气度、气场。外在的一切总有一天都会离开，但要保有那份拥有时的美好感觉，要学会失之若得。

　　就像恋爱一样，年轻的时候曾经拥有一段美好而热烈的爱情，那份心动的感觉可能随着两个人进入婚姻而日渐消退。当然，任何人都无法让时光逆流回到当初，但可以经常回忆当时恋爱的感觉，让这份感觉成为自己和亲密关系永恒的滋养。

　　大多数人大多数时间都是平凡普通的，人在平凡的人生中能活出的最高境界就是把简单的生活过得有滋有味，对同一份工作、同一个关系、同一个环境，都像第一次那样去感受和经历，从平凡中找到新鲜和乐趣。

　　全力生活，保持想象力，这样，即使天天看着伴侣，人也能有像初恋时那样甜蜜的幸福，粗茶淡饭也能品味出人生的意趣。所以，不要犹豫和迟疑，就从此刻开始，珍惜所拥有的一切，把它们都当成即将失去那样去感知和感恩。

　　把每天当成最后一天，我们才能看见到平凡之中的小幸福、小快乐，才会明白一切的价值与意义。也只有这样，等到年华老去，回首一生时，我们才会无怨无悔。很多人害怕死亡，其实对死亡恐惧背后最根本的原因是他们没有真正地活过，如果一个人活在当下，每一天都很充实，离开时内心就不会太过于悲伤和不舍，而能够更为坦然地面对。

　　在这里，我要强调的是，其实教导这些知识、帮助人们找到人生价值和生命意义的并不是我，而是道，我只不过是把它们说给你们听而已。

　　"夫道有情有信，无为无形；可传而不可受，可得而不可见；自本自根，未有天地，自古以固存。"

上方句子出自《庄子·大宗师》这一篇章，"大宗师"意思是最值得敬仰、尊崇的老师。而真正的大宗师，只有道。

存在之大道就是每个人终身的导师。当你安静下来时，停止头脑中所有的思绪和内心的情绪波澜，灵魂就能与存在之大道同频共振，就能聆听到道的呼唤，唤醒着我们内在本有的无限智慧，从而将人生活出更高的维度。

终其一生，我们要做的只有一件事，即自我修行。修，即修正，去修正自己负面、与理想有偏差的部分；行，则是践行，把正向、积极的部分践行出来。一点点修你的身、心和脑，慢慢累积，终有一天，你会领悟到《心经》中所描述的境界："舍利子，是诸法空相，不生不灭，不垢不净，不增不减。是故空中无色，无受想行识，无眼耳鼻舌身意，无色声香味触法，无眼界，乃至无意识界。"这个时候的你，灵魂高度在线，脑、心、身共用，从而达到整体合一、和谐圆融之境，你也就获得了终极自由。

最后我要说的是，修行绝不是一个天天挂在嘴边的口号，也不是一味埋首于空洞的道理、理论之中，而是知行合一，去感知、去体验。比如我刚刚吃了一个苹果这件小事情，我可以告诉你说："这个苹果酸酸甜甜的、很多汁……"我可以描述很多，但不管怎么努力都无法让你知道苹果真实的味道，直到有一天你真的吃了个苹果，你自己在这一份真实的体验中才能体会到我曾经给你描述过的苹果的味道。

我所分享的也都来自我体验到的。就像上文中苹果的例子，我把我吃苹果的体验告诉了你，但如果你不去真的吃一个苹果，就永远无法知道苹果的真正味道。

每个人都有属于自己的那个"苹果"，等待着我们去摘取，当然，过程需要一些时间，也需要一份坚持。

自我修行是一条漫长的路，而这条路上能给予我们力量的不是别人，只有自己。请大家带着这份路线导图，厘清自己的人生方向，让步伐更加坚定。而这一切，才刚刚开始！